乡村振兴农民培训教材

粮食生产全程机械化

技术与装备

胥明山　主　编
黄同翠　姜景川　副主编

U0271881

中国农业科学技术出版社

图书在版编目（CIP）数据

粮食生产全程机械化技术与装备 / 胥明山主编.—北京：中国农业科学技术出版社，2021.2

ISBN 978-7-5116-5202-7

Ⅰ.①粮…　Ⅱ.①胥…　Ⅲ.粮食作物-农业生产-农业机械化　Ⅳ.①S233.73

中国版本图书馆 CIP 数据核字（2021）第 032913 号

责任编辑	姚　欢
责任校对	贾海霞
责任印制	姜义伟　王思文

出 版 者	中国农业科学技术出版社
	北京市中关村南大街 12 号　邮编：100081
电　　话	（010）82106630（编辑室）　（010）82109702（发行部）
	（010）82109709（读者服务部）
传　　真	（010）82106636
网　　址	http://www.castp.cn
经 销 者	各地新华书店
印 刷 者	北京科信印刷有限公司
开　　本	787 mm×1 092 mm　1/16
印　　张	10
字　　数	220 千字
版　　次	2021 年 2 月第 1 版　2021 年 2 月第 1 次印刷
定　　价	45.00 元

《粮食生产全程机械化技术与装备》
编委会

主　　编：胥明山

副 主 编：黄同翠　姜景川

编写人员：胥明山　黄同翠　姜景川　孙环锦

　　　　　高　莉　李坤书

前　　言

随着城镇化、工业化进程的加快，农村优质劳动力由第一产业向第二、第三产业转移，农户兼业化、村庄空心化、人口老龄化现象日趋严重，直播稻、寄种麦、面源污染和秸秆露天焚烧等原始作业方式与农业绿色生态可持续发展的要求不相适应。当前，加快转变农业发展方式，有效解决"谁来种、种什么、怎么种"的问题十分迫切。党的十九大提出实施乡村振兴战略，到2035年基本实现农业农村现代化。没有农业机械化就没有农业现代化，加快推进粮食生产全程机械化，有利于促进农业产业兴旺，提升农业综合生产能力，加速农业现代化进程，促进农业增效和农民增收。《国务院关于加快推进农业机械化和农机装备产业转型升级的指导意见》提出：到2020年，全国小麦、水稻、玉米等主要粮食作物基本实现生产全程机械化；到2025年，农业机械化进入全程全面高质高效发展时期。推进粮食生产全程机械化行动已在全国粮食生产功能区内广泛展开，按照"藏粮于地、藏粮于技"的战略要求，以水稻、小麦、玉米三大粮食作物为主要对象，将适应机械化作为农作物品种审定、耕作制度变革、产后加工工艺改进、农田基本建设等工作的重要目标，促使良种、良法、良地、良机配套，为全程机械化作业、规模化生产创造条件，积极探索具有区域特点的主要农作物生产全程机械化解决方案，不断促进农机与农艺相融合，以及经营与管理相协调，全面提升粮食生产全程机械化水平，切实增强粮食综合生产能力和市场竞争力。

本书主要针对全程机械化重点和薄弱环节介绍相关技术和装备，由于编者水平有限，不当之处敬请谅解。

编　者

2020 年 11 月

目　　录

第一章　秸秆机械化还田耕整地技术与装备

实施秸秆机械化还田，不仅可以有效地解决秸秆露天焚烧问题，而且能改善土壤理化性状，恢复田间生态环境，保护耕地地力，有助于提高粮食的产能，推进农业可持续发展。因此，在机械化耕整地环节，各地应结合自身土壤条件、种植特点及后茬作物品种特性等因素，因地制宜，制定适合本地实际的作业工艺路线，科学选用秸秆机械化还田耕整地装备，高质高效实施秸秆机械化还田，见图1-1、图1-2。

图1-1　焚烧秸秆　土壤板结　污染环境

图1-2　秸秆还田　培肥地力　保护环境

第一节　机械化耕整地主要方式与工艺路线

我国粮食生产主要以稻麦轮作和小麦玉米轮作为主要方式。机械化耕整地方式与工艺路线应当围绕小麦（水稻）秸秆还田与水稻机插秧（小麦机播）集成技术和小麦（玉米）秸秆还田与玉米（小麦）机播集成技术进行探索和实践。推广机械化还田技术和应用装备要充分考虑地区的适应性，与作物种类、土壤条件、耕整地方式和农业技术要求的关系密切。

一、机械化耕作的方式

（一）旋耕作业法

1. 概念

旋耕法介于免耕和深耕之间，是以旋耕刀代替翻耕犁进行耕作的一种方法，通过旋耕机旋转的刀片切削、打碎土块、疏松土壤、混拌耕层碎秸秆的一种耕作法。

2. 特点

旋耕的主要作用：碎土、松土、混拌和平整土壤。旋耕集犁、耙、平三次作业于一体，用于水田或旱地一次作业就可以进行旱地播种或水田插秧，省工省时，成本低，见图1-3、图1-4。

图1-3 旋耕机

图1-4 旱田旋耕作业

采用旋耕和灭茬耕作方式，土壤要有较好的墒情基础。农作物收获时对秸秆留茬高度和秸秆切碎长度都有限制，留茬过高和切不碎的地表秸秆必须在旋耕作业前粉碎，因此，根据实际情况，有的需要配有作物秸秆粉碎还田机。从耕作实践来看，无论水田和旱地，多年连续单纯旋耕，易导致耕层变浅、理化性状恶化，故旋耕作业方式要和铧式犁翻耕轮换应用。

根据农田作业不同需要，分为旋耕功能和灭茬功能。

（1）旋耕。主要用于水旱田耕作，或稻茬、麦茬较多的田地作业，以245型刀为主要代表。其碎土耕翻作用较强，旋切的土块较大，耕作层较浅，一般在80~120mm左右，耕后平整度较好。

（2）灭茬。主要用于秸秆还田作业，在传统旋耕刀的基础上，对旋耕刀的刀型和弯度进行更新设计，在还田作业中不但具有碎土功能，而且土块细碎，可将碎土和秸秆均匀混拌，同时具有较强的平整土地作用。根据灭茬刀辊回转方式不同又可分为正转旋耕和反转灭茬。其中，反转灭茬旋耕刀轴上安装的灭茬刀按一定规律排列在刀轴上作反向旋转，刀轴的旋转起到切土、抛土、碎土、埋茬的作用，其植被覆盖率、碎土率、平整度等耕作质量更好，见图1-5、图1-6。

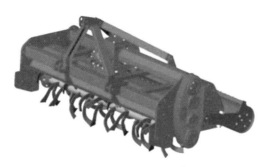

图1-5 反转灭茬旋耕机

图1-6 反转旋耕灭茬作业

（二）犁耕作业法

1. 概念

犁耕法是采用铧式犁等将土壤深耕切割、破碎和翻转土垡，并将秸秆、杂草深埋入耕层下的耕翻作业方式。

2. 特点

长期采用旋耕法作业，因耕作层浅，耕作层以下被压实而形成浅而坚硬的犁底层，影响作物根系下扎和水肥营养的吸收，致使作物倒伏和减产。所以机械旋耕秸秆还田往往达不到预期效果，仅仅能将切碎的秸秆混合在较浅的耕作层，秸秆分解毒素的时间集中和强度加大，那些没有被覆盖的碎秸秆不仅很难腐烂分解，影响水稻机插秧的扎根，延迟活棵返青和分蘖，进而影响水稻产量。犁耕深翻的耕翻深度一般在 200～350mm，深耕打破犁底层，翻埋覆盖效果好，病虫害发生率低，改良土壤团粒结构，增强土壤保水保肥性能，解决了秸秆不能深埋、耕种层浅等问题，有利于农作物根系的发育生长，对实现作物增产起到了比较重要的作用，见图 1-7、图 1-8。

图 1-7　铧式犁

图 1-8　双向翻转犁耕翻作业

板结的旱田采用犁耕法消耗动力较大，油耗较高，效率比旋耕低，犁耕会形成闭垄台或开垄沟。另外，犁耕深翻后需晒垡后旋耕整地，墒情较好的土壤需 2d 左右，墒情较重时要 3～7d。

圆盘犁具有覆盖性能好、不缠草、通过能力强、生产效率高、油耗低等优点，特别适用于湿烂、杂草多或稻麦高留茬田的翻耕作业，但是易造成耕深过深，土垡位移过大，平整困难。对于宅基地复耕复种的田块，砖块石头较多，使用圆盘犁作业可有效避免机具损伤，圆盘犁的作业耕深可达 200mm 以上，见图 1-9、图 1-10。

图 1-9　圆盘犁

图 1-10　驱动圆盘犁耕翻作业

3. 分类

根据作业的工作原理不同，分为：铧式犁、圆盘犁和凿形犁。根据农田耕翻深度不同需要，以使用较广的铧式犁为例，分为 3 种：与小型拖拉机配套使用的轻型铧式犁耕层一般在 150mm 左右；与大中型拖拉机配套使用的轻型铧式犁耕层在 180～280mm；与大型拖拉机配套的重型铧式犁耕层在 300mm 以上。

（三）犁翻旋耕复式作业法

1. 概念

犁翻旋耕复式作业法是采用铧式犁深翻和旋耕机浅旋作业组合，一次进地，先将土壤深耕切割、破碎和翻转土垡，并将秸秆、杂草深埋入耕层下，再将表层土垡打碎和平整的复式耕翻作业方式。

2. 特点

针对目前农业生产的需求，适用于作物收获后的秸秆切碎均匀抛撒在土壤表面进行全量还田，一次性完成机械深耕 160～200mm、覆盖埋茬（草）、碎土、平整等多道工序联合作业，避免了铧式犁作业后的二次旋耕作业，解决了土壤板结，改善土壤理化性状，减少机器下田次数、能源消耗以及机械对土壤的过度压实，也能降低作业成本和劳动强度，提高了作业效率，实现全量秸秆一次性还田覆盖率达到 85% 以上，见图 1-11、图 1-12。

犁翻旋耕复式作业消耗动力较大，油耗较高，效率比犁耕低，田边四角耕不到。

图 1-11　犁翻旋耕复式作业　　　　　图 1-12　犁翻旋耕复式作业

3. 分类

根据作业的幅宽不同，集成前犁后旋方式，一种采用铧式犁 3 犁配置旋耕机型，另一种采用铧式犁 4 犁配置旋耕机型。

（四）保护性耕作法

1. 概念

保护性耕作是对农田实行免耕、少耕，尽可能减少土壤耕作，并用作物秸秆、残茬覆盖地表，或保留高根茬秸秆 30% 以上和作物残留物覆盖率不低于 30% 的耕作技术，是一项提高土壤肥力和保墒能力的先进耕作技术。

2. 特点

机械化保护性耕作不翻转土壤，不破坏土壤层结构，提高土壤含水量，降低土壤容重，使土壤疏松，提高土壤肥力和抗旱能力，这些都有利于作物根系生长，并可避免土壤风蚀、水蚀，起到减少土壤流失和抑制农田扬尘的功效，能明显提高旱区粮食产量，降低农业生产成本，改善生态环境，促进农业可持续发展，主要应用于干旱、半干旱地区农作物生产。

秸秆覆盖物分解会产生有毒物质，不利于好气性微生物活动，覆盖物影响了土壤对太阳辐射的吸收，免耕地上杂草生长旺盛，仍依靠化学除草剂的使用，覆盖物所造成的生态环境，也有利于一些害虫和病菌的滋生，特别是前茬作物的病虫害对后茬作物的连续侵染。

3. 分类

保护性耕作主要划分两类：一是少耕、免耕技术；二是地面覆盖技术。免耕的深松耕技术是保护性耕作的重要技术形式，深松耕目前主要有两种方式：一是全面深松耕，应用深松犁全面松土，深松耕后耕层呈比较均匀的疏松状；二是局部深松耕，应用齿杆、凿形铲或铧式铲进行松土与不松土相间隔的局部松土，松土后地面呈疏松与紧实带相间存在的状态。疏松带有利于降雨入渗，增加土壤水分，并且利于雨后土壤的通气及好气性微生物的活动，促进土壤养分的有效化。紧实带可阻止已深入耕层的水分沿犁底层在耕层内向坡下移动。因此，局部深松耕有明显的蓄水保墒增产效果。目前免耕栽培已发展一种深松碎秆覆盖体系，即每隔 2~3 年深松耕一次，适合多数土壤条件保护性耕作。

二、机械化整地的方式

（一）技术要求

1. 田块要求

田面平整，坡度不大于 5°；旱地作业时，土壤含水率不大于 30%；水田作业时，地块应浸泡 24~48h，水层深为 10~30mm。

2. 规范作业

机手合理规划作业路线，严格按照技术规范作业，提高秸秆机械化还田作业质量，确保不漏耕、不重耕。

3. 耙田平整度

因机插秧苗小，大田平整度比人工栽插秧的要求高，一般机插大田高低差不超过 30mm，表土硬软适中，表土泥浆层 50~80mm，泥脚深度不大于 300mm。根据起浆埋茬作业效果，调整水田起浆埋茬机刮板（拖板）的压力，压力太大接幅间不平整，压力太小起不到刮平效果。

4. 整后澄田

水稻机插秧要求清水硬板栽插，土壤在起浆平整后比较松软，应尽可能沉实，总的原则是秸秆还田田块土壤的沉实时间要大于不还田的田块，一般黏性土壤整地后应沉实 2~3d，壤土沉实 1~2d，沙性土壤沉实 1d。推荐一种方法来确定水田搅浆整地后的沉淀效果，即田面指划成沟慢慢恢复是最佳沉淀状态，此期为插秧适期；如指划不成沟，不能插秧；指划成沟，但不恢复，说明沉淀过度。后二者皆不利于保证机插秧质量。

5. 控制水层

还田整地后的机插大田水层要控制在 30mm 以内。如果水量太大，秸秆腐败分解后变黏、变酸、变臭、变色等污染大田水质和水中过量的农药化肥混合，长期滞留田间，在水土缺氧情况下，土壤中还原物积累较多，在释放养分的同时，秸秆分解还会产生有机酸、甲烷、硫化氢等物质，这些物质如果积累太多就会对植物的根系产生毒害作用，可能会造成秧苗根系腐烂，从而影响水稻分蘖期根系发育。如肥水造成毒害或遇大雨，被迫放入河道，会导致水质恶化，污染水源，大量鱼虾死亡，引起环保事件发生。

（二）常见整地方式

1. 旱田耕后碎垡作业

耕后采用旋耕机旋耕或重型耙碎垡和平整土地的方式，常见有旋耕机、圆盘耙等。犁翻深耕后的土垡，要晾晒到墒情合适能够碎垡时再耙。如果土壤太湿，耕后立即耙地效果也不好。作业时能把地表的肥料、农药等同表层土壤混合，普遍用于作物收获后的浅耕灭茬、早春保墒和耕翻后的碎土等作业，见图 1-13、图 1-14。

图 1-13 圆盘耙

图 1-14 圆盘耙耙田作业

2. 水田起浆埋茬耙田作业

耕后进行水田整地是为了作物种子发芽或为秧苗移栽生长提供适宜的条件，利用水田整地机械中各种不同类型的起浆埋茬刀片或耙齿对有水的田面进行整理作业；其作用是碎土、埋茬或覆盖植被、起浆及平整田面。要求耙后的田地泥烂、埋茬、田平、起浆好、土草融合均匀，覆盖率高，能符合水田机插秧要求的大田整地标准。起浆平整环节宜采用水田驱动耙、水田埋茬耕整机或其他水田打浆机进行作业，见图 1-15、图 1-16。

图 1-15 水田驱动耙

图 1-16 起浆埋茬耙田作业

三、不同土壤条件下耕整地方式的选择

(一) 土壤类型和特性

稻田机械耕作方式对土壤结构和土壤肥力有一定的影响。合理的耕作方式有利于熟化土壤，创造疏松、深厚的耕作层，改善土壤结构，提高土壤肥力，促进水稻的生长发育。反之，则会使耕作层变浅，犁底层增高，青泥层出现，土壤发僵，养分释放迟缓，土壤肥力降低，对水稻的生长发育不利。土壤依据土质不同，可分为黏土、沙土和壤土。

1. 黏土

含黏土较多的土壤称作黏土。其质地黏重，含沙量少，颗粒细腻，湿时黏腻，干时坚硬，养分含量比较丰富，渗水速度慢，保肥、保水性能好，但通气性能差，见图1-17。

2. 沙土

含沙量较多的且具有一定黏性的土壤称作沙土。沙质土的土质疏松，土层深厚，含均匀沙粒。故土壤通气透水性好，土体内排水通畅，不易产生托水、内涝和上层滞水，但保蓄性差，保水、持水、保肥性能弱，雨后容易造成水肥流失，水分蒸发速率快，失墒多易引起土壤干旱，见图1-18。

3. 壤土

壤土的性质则介于沙土与黏土之间，是指土壤颗粒组成中黏粒、粉粒、沙粒含量适中的土壤。其通气透水、保水保温性能较好，是理想的农业土壤，见图1-19。

图1-17　黏土形态　　　　图1-18　沙土形态　　　　图1-19　壤土形态

(二) 不同耕整地方式对土壤的影响

1. 旋耕和犁耕应该交替进行

长期以旋代耕的方式，耕深较浅，覆盖质量较差，影响水稻根系的正常发育，不利于消灭杂草和防除病虫害。如果使用旋耕机，以旋代耕操作频繁，会使土壤团粒结构严重破坏，土粒高度分散，土壤板结，影响水稻分蘖发棵。如果连续多年只用旋耕机耕作，甚至会造成水稻减产。所以，不宜持续以旋耕代替犁耕，旋耕和犁耕应该交替进行。

2. 土壤适耕性与土壤质地、结构和含水量有关

在含水量适合时，土壤塑性不明显，适耕性最好，耕作阻力小，作业效率高，土垡容易破碎，不会形成大的垡条。为此，机械耕作必须适时，土壤含水量适度时以旱耕为主，避免滥耕滥耙，做到干耕不起坷垃，湿耕不现泥条。深耕可以熟化土壤，加深耕作层，改善土壤理化性状，调节土壤中水分、空气和温度，为土壤微生物活动和养分转化创造条件，并有助于消灭杂草和防除病虫害。机械耕作能够加深耕作层，但必须因土壤、因作物制宜，逐步加深耕层，不是越深越好，防止把生土翻上来，造成肥力下降。同时，还要巧施有机肥料，改良土壤。犁耕和耕后晒垡，能翻转和疏松土壤，改善土壤结构，改善土壤理化性质，释放养分，提高土壤肥力，有利于耕后整地。因此，水稻田在前茬收获后，在时间较充裕的情况下，根据机械条件及时进行犁耕、抢晴晒垡是十分重要的。

（三）不同土壤条件的耕整地工艺路线选择

不同的耕整地方式必须根据当地耕作习惯、农艺要求、农时季节、茬口安排以及机械设备等合理地选择，并且注意在保证耕作质量的前提下，尽量减少拖拉机下水田作业的次数。

1. 黏土耕整地工艺路线选择

因黏土质地黏重且通透性差，易旱易涝，耕整地对土壤墒情要求高。在墒情合适不黏刀利于农具下地作业时，一种可采用旱耕水整，旱田旋耕增加透气性和渗水速度，减少整地前上水泡田时间，节省农时。第二种可采用犁耕水整，先犁翻深耕和晒垡后，再利用旋耕机碎垡和平整土地，最后进行水整。因农时季节紧，渗水速度慢，水耕水整泡田时间长，且不易泡透耕作层，对于黏重板结的土壤，慎重选择水耕水整作业路线。

2. 沙土耕整地工艺路线选择

因沙性土的通气透水性和适耕性都好，但保蓄性差，保水、持水、保肥性能弱，失墒多易引起土壤干旱，不宜犁耕深翻，适宜旱耕水整和水耕水整，而且宜耕期长，耕后土壤松散、平整，无坷垃或土垡，耕作阻力小，耕后质量好。当前，大力实施秸秆还田，采用犁耕水整深埋秸秆，延缓秸秆分解速度，可以提高土壤保水保肥能力。

3. 壤土耕整地工艺路线选择

壤土因其适耕性较好，保墒、保肥性能也较好，适宜旱耕水整、水耕水整和犁耕水整。

四、耕整地前秸秆处理

（一）机收秸秆切碎作业

1. 适期收割

为不误农时，要充分利用露天晒场暴晒或谷物低温循环干燥设备降低谷物的水分，如果单依靠留田暴晒降低水分，会延迟谷物收割期，可能遇到连续阴雨造成谷物霉变质，影响下茬作物的适期栽插（播种）。

2. 留茬和秸秆切碎

为便于下茬作物的栽插（播种），并创造良好的生长环境，实施秸秆机械化还田，对前茬还田秸秆的抛撒均匀度、留茬高度、切碎长度和埋茬率等要求较高，在秸秆还田耕整地环节容易出现秸秆与土壤的不均匀混合，会导致田间秸秆架空和地表浮茬过多等现象，影响作物扎根生长。因此，在机收时，联合收割机必须带有秸秆切碎匀抛装置，稻麦秸秆切碎的长度应当在100mm以下，留茬高度150mm以内，见图1-20、图1-21；玉米秸秆切碎长度小于100mm，以30～50mm为宜，均匀抛撒，茬高小于50mm。

图1-20　秸秆留茬切碎匀抛作业　　　　　图1-21　机收麦秸秆留茬情况

（二）秸秆粉碎作业

对于玉米机收没有秸秆切碎、稻麦机收留高茬和切碎不达标的田块，要增加秸秆粉碎还田作业环节，利用秸秆粉碎机刀轴的锤爪或甩刀高速旋转，击碎秸秆，粉碎后的秸秆均匀抛撒田面，然后再耕翻埋茬作业，见图1-22、图1-23。

图1-22　秸秆粉碎机　　　　　　　　　图1-23　秸秆粉碎还田作业

（三）撒施基肥作业

1. 基肥的亩施用量

一般情况下使用 N-P_2O_5-K_2O：15-15-15，总养分≥45%的复合肥25kg，掺和腐秆剂1kg，效果更好。

2. 增施氮肥

鉴于秸秆还田前期耗氮、后期释氮的特点，在常规施用基肥的基础上增施氮肥，可以缓解还田秸秆腐解过程中耗氮与水稻生长争氮现象，确保水稻苗期正常生长。因此，在基、蘖、穗肥施用总量与不还田土壤肥料用量保持基本一致的基础上，要根据还田秸秆量将氮肥施用量适当前移，以每100kg秸秆增施纯氮1kg为宜。基肥在还田作业前施用，以选择铵态氮或尿素为好，亩增施基、蘖肥5~8kg尿素或12~15kg碳铵，调节碳氮比，积极提倡有机肥、无机肥结合使用，见图1-24、图1-25。

图1-24 秸秆还田撒施基肥

图1-25 腐秆剂

（四）针对机插秧的泡田

1. 薄水泡田

整地前浅水泡田，以泡软秸秆、泡透耕作层为宜。作业时要严格控制水层，还田作业时水层以田面高处见墩、低处有水、作业不起浪为准，水深10~20mm；如水层管理不当，势必影响起浆埋茬和整地质量，影响水稻机插质量。一是大水漫灌水层过深，浸泡时间过短，作业时水浪冲刷作用加大，起浆浓度不够，起浆效果差，浮茬增多，影响秸秆埋土效果，耕整平整度差。二是水层过浅，耕作层泡不透，机械作业阻力大，作业后田面不平整、不起浆，泥草难以均匀混合，浮茬多，埋茬效果差。

2. 泡田时间

未耕大田整地前泡水时间，根据土壤黏性不同可分为1~3d，旱耕还田后泡田整地泡水时间一般为12h左右。

五、秸秆机械化还田耕整地主要工艺路线

（一）麦秸秆机械化还田

1. 水耕水整秸秆还田

（1）技术路线。联合收割机留低茬切碎匀抛麦秸秆→施基肥→放水泡田→水田秸秆还田机还田作业→起浆平整→沉实→机插秧。

（2）作业要求。联合收割机收割留茬≤150mm，秸秆切碎≤100mm，均匀抛撒于田间，上水泡田1~3d，还田作业速度以Ⅰ-Ⅱ档为宜，作业深度≥120mm。

（3）机具配备。联合收割机配备秸秆切碎抛撒装置；一般采用48kW（65马力）以上拖拉机，匹配相应幅宽的水田埋茬耕整机。

2. 旱耕水整秸秆还田

（1）技术路线。联合收割机留低茬切碎匀抛麦秸秆→施基肥→秸秆还田机旱作还

田作业→放水泡田→起浆平整→沉实→机插秧。

（2）作业要求。联合收割机收割留茬≤150mm，秸秆切碎≤100mm，并均匀抛撒于田间，上水泡田1~3d，还田作业速度以Ⅰ-Ⅱ档为宜，作业深度≥120mm。

（3）机具配备。联合收割机配备秸秆切碎抛撒装置；一般采用58.8kW（80马力）以上拖拉机，匹配相应幅宽的反转灭茬旋耕机、埋茬耕整机。

3. 秸秆粉碎还田

（1）技术路线。联合收割机切碎（或留低茬直接粉碎）匀抛麦秸秆→施基肥→秸秆粉碎机作业→旋耕还田作业→放水泡田→起浆平整→沉实→机插秧。

（2）作业要求。联合收割机收割留茬≤150mm，秸秆切碎≤100mm，并均匀抛撒于田间；秸秆粉碎应在麦秸秆含水率较低时进行，刀具无须入土，保持高转速，以实现较细碎的粉碎程度。

（3）机具配备。联合收割机配备秸秆切碎抛撒装置（或联合收获秸秆粉碎一体机）；一般采用55.2kW（75马力）以上拖拉机，匹配相应幅宽的甩刀式秸秆粉碎机。

4. 犁耕水整秸秆还田

（1）技术路线。联合收割机留低茬切碎匀抛麦秸秆→施基肥→铧式犁（或圆盘犁、犁旋一体机等）耕翻→旋耕机或重型耙碎垡（犁旋一体机可省略这一步骤）→放水泡田→起浆平整→沉实→机插秧。

（2）作业要求。联合收割机配备秸秆切碎抛撒装置，秸秆长度≤150mm；联合收割机收获时，留茬高度≤150mm；犁耕深度160~200mm，耕深稳定性≥85%，碎土率≥80%，覆盖率≥80%。

（3）机具配备。联合收割机配备秸秆切碎抛撒装置；根据铧犁数量和土壤情况配备相应的动力，一般采用55.2kW（75马力）以上拖拉机；耕翻采用1L系列铧式犁、1LY系列圆盘犁、犁旋一体复式机；整地水田驱动耙等。

（二）稻秸秆机械化还田

1. 旋耕灭茬秸秆还田

（1）技术路线。稻田控水降渍→联合收割机低留茬适期收获、秸秆切碎均匀抛撒→施用基肥→旋耕还田→机械播种、镇压→机械开沟。

（2）作业要求。收割水稻时秸秆切碎、匀抛，秸秆切碎长度≤100mm；留茬高度≤150mm；耕作深度≥150mm，秸秆覆盖率≥80%。

（3）机具配备。联合收割机配备秸秆切碎抛撒装置；建议采用55.2kW以上拖拉机；反旋灭茬机、正旋秸秆还田机等、旋耕播种施肥镇压复式作业机或旋耕播种机等。

2. 犁耕深翻秸秆还田

（1）技术路线。稻田控水降渍→联合收割机适期收获、秸秆切碎均匀抛撒→施用基肥→犁耕→碎垡→机械播种、镇压→机械开沟。

（2）作业要求。收割水稻时秸秆切碎、匀抛，秸秆长度≤100mm；耕深≥200mm，碎土率≥80%，秸秆覆盖率≥80%。

（3）机具配备。联合收割机配备秸秆切碎抛撒装置；根据铧犁数量和土壤情况配备相应的动力；1L 系列铧式犁等；旋耕机、重型耙；旋耕播种施肥镇压复式作业机、旋耕播种机等。

3. 机械粉碎秸秆还田

（1）技术路线。稻田控水降渍→联合收割机适期收获、秸秆切碎均匀抛撒→机械粉碎秸秆及留茬→施用基肥→旋耕还田→机械播种、镇压→机械开沟。

（2）作业要求。收割水稻时留茬高度在 250mm 以上、秸秆切碎、匀抛；粉碎秸秆保持甩刀高速旋转并贴近土表，确保灭茬和粉碎达到较细程度。

（3）机具配备。联合收割机配备秸秆切碎抛撒装置；甩刀式秸秆粉碎机；反旋灭茬机、正旋秸秆还田机等；旋耕播种施肥镇压复式作业机、旋耕播种机等。

4. 其他技术要点

（1）机收前 10d 左右断水，遇雨及时排水，确保旋耕作业时土壤含水率≤25%、犁耕作业时土壤含水率≤35%。

（2）机具作业时，根据田块的具体形状确定作业路线，尽量避免重耕、漏耕、重播、漏播，减少小角度转弯次数。

（3）稻秸秆还田强调播后适时、适墒镇压，确保种（根）土密接，促进壮苗。

（4）由于稻秸秆来年春天气温升高时才分解，因此可不用增施基肥。

（5）健全沟系，排涝降渍，遇阴雨天气及时排出田间积水。

（三）玉米秸秆机械化还田

1. 技术路线

玉米联合收割机收获玉米及玉米秸秆粉碎还田→深松（3 年 1 次）→旋耕灭茬整地。

2. 机具配置

玉米秸秆还田的机具有带秸秆还田功能的玉米联合收割机、与大中型拖拉机配套的秸秆粉碎还田机、铧式犁、深松机及旋耕（灭茬）机等。

3. 技术要点

（1）联合收割机收获玉米并粉碎玉米秸秆。切碎后秸秆长度小于 100mm，以 30～50mm 为宜，均匀抛撒，茬高小于 50mm，防止漏切。

（2）深松或翻耕作业。采用深松机（或深松旋耕一体机）进行土壤深松，深度在 250mm 以上，深松作业一般 3～4 年进行一次；或采用铧式犁进行深翻作业，耕深一般在 200mm 以上为宜。深翻后应及时进行播种作业。深翻作业一般不适宜沙质土壤。

（3）灭茬整地。采用旋耕机或秸秆还田机将根茬、秸秆与土壤充分混合，消除因秸秆造成的土壤架空，旋耕深度一般要求 150mm 左右；或采用旋耕灭茬施肥播种复式作业机具整地并机播小麦和镇压。

玉米秸秆粉碎机械化还田作业技术指标，见表 1-1。

表 1-1　玉米秸秆粉碎机械化还田作业技术指标

项　目	参　数
秸秆粉碎长度（mm）	<100
抛撒不均匀度（%）	<20
留茬高度（mm）	<50
深耕翻作业耕深（mm）	>200
旋耕灭茬作业耕深（mm）	>120
作业后地表平整度（mm）	<50
秸秆埋茬率（%）	>75
深松深度（mm）	>250

第二节　秸秆机械化还田装备及技术要求

实施秸秆机械化还田必须依靠适宜的装备和科学的组合来支撑，装备的选型和动力的配套要在因地制宜科学制定和完善工艺路线的基础上，满足"优质、高效、低耗、安全"的使用要求。市场上仿制和跟风而上的产品既多又乱，产品名称、型号、结构等混杂无序，作业机手对秸秆还田机结构、原理、功能的认识不足，在机具选择以及机具与动力机械配套使用方面存在一定的盲目性。现介绍几种典型的秸秆机械化还田装备及技术要求供参考。

一、旋耕机械

旋耕机是一种由动力驱动工作部件以切碎土壤，并能够拌和残茬和平整土地的耕作机具，旱田作业具备耕翻、碎土、拌茬和平整功能，水田作业具备起浆埋茬和平整耙田的功能。

（一）工作原理

旋耕机由拖拉机动力输出轴通过传动装置驱动工作部件刀辊，刀辊的旋转方向通常与拖拉机轮子转动的方向一致，常规转速为 190~280r/min。刀辊旋转驱动切土刀片由前向后切削土层，并将土块向后上方抛到罩壳和拖板上，使之进一步破碎。刀辊切土和抛土时，土壤对刀辊的反作用力有助于推动机组前进，因而作业时所需牵引力较小，有时甚至可以由刀辊推动机组前进，见图 1-26。

刀辊部件包括旋耕刀轴和刀轴上按多头螺旋线均匀配置的若干把切土刀片，切土刀片可分为凿形刀、弯形刀、直角刀等，不同的刀具适用于不同的农田作业环境。其中，弯形刀由正切刃和侧切刃组成，刃口不是直线而是曲线，弯曲的侧切刃口有滑切作用，沿纵向切开土壤，并且先由根部螺旋向外滑切，然后再由正切刃从横向切开土垡，切削阻力小，易切断草根而不缠草，适于水旱田的耕作，见图 1-27。耕深由拖板或镇压辊控制和调节，拖板或镇压辊设在刀辊的后面，兼起碎土和平整作用，刀辊上一级传动装置的配置方式有中央传动和侧边传动两种。

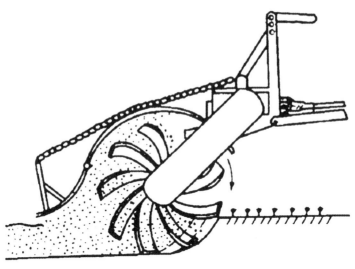

图 1-26　旋耕机刀辊旋切土和碎土作业示意

图 1-27　旋耕机弯形刀

(二) 典型装备

1. 正转旋耕机

（1）中央传动型。由中央齿轮箱通过减速齿轮向下直接传动刀辊向前进方向旋转，用于耕幅较大的旋耕机，机器的对称性好，整机受力均匀，但传动箱下面的一条地带由于切土刀片达不到而形成漏耕，需增加小犁铲消除漏耕的装置，见图 1-28。

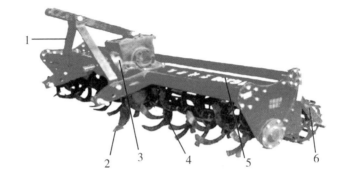

1-机架　2-小犁铲　3-传动系统　4-刀辊　5-挡土罩　6-碎土镇压辊

图 1-28　中央传动的旋耕机

（2）侧边传动型。由中央齿轮箱通过连接轴到侧边传动箱，再经传动箱内减速齿轮向下侧边传动刀辊向前进方向旋转，多用于耕幅较小的偏置式旋耕机，见图1-29。

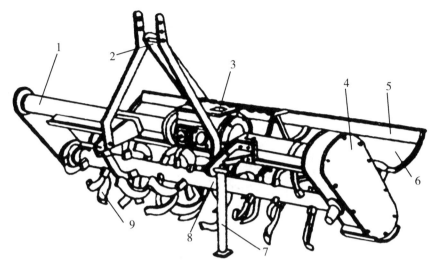

1-主梁 2-悬挂架 3-齿轮箱 4-侧边传动箱 5-拖板
6-挡土罩 7-撑杆 8-刀轴 9-旋耕刀

图1-29 侧边传动的旋耕机

（3）正转旋耕机主要技术参数，见表1-2。

表1-2 正转旋耕机主要技术参数表

项 目	1GKN-140/160/180/200/230/250/300参数
耕幅（mm）	1 400~3 000
配套动力（kW）	29.4~58.5
耕深（mm）	100~160
耕深稳定性（%）	≥85
埋茬率（%）	≥80
连接形式	标准三点悬挂
刀片形式	旋耕刀
刀片排列	螺旋排列

2. 反转灭茬旋耕机

（1）工作过程。反转灭茬旋耕机还可通过更换刀具方向和大锥齿轮安装位置可用于正转旋耕作业，具有旋耕碎土、平整土地效果好等优点，提高了机具利用率。由拖拉机动力输出轴输出动力，经万向节传至中间齿轮箱第一轴后，经一对锥齿轮啮合传到加长第二轴,通过横转万向节转向侧边齿轮箱传递动力,经侧边齿轮箱体的多级齿轮传动,动力被传递到刀轴总成,带动灭茬轴刀辊旋转,实现刀轴和拖拉机前进方向相反的反向旋转运动,用于田间小麦、水稻等农作物高留茬秸秆的埋茬、旋耕、碎土作业,具有埋草率高、灭茬效果好、碎土能力强等优点(图1-30)。

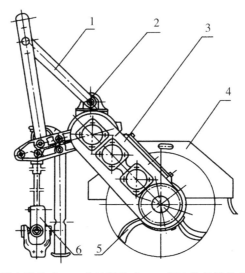

1-悬挂支撑总成 2-变速箱总成 3-侧边齿轮箱体总成
4-机罩栅栏总成 5-刀轴总成 6-万向节总成

图1-30 反转灭茬旋耕机结构示意

(2)反转灭茬旋耕机主要技术参数,见表1-3。

表1-3 反转旋耕机主要技术参数

项　目	1GFM-190/200/220 参数
耕幅（mm）	2 000/2 200/2 400
配套动力（kW）	44.1~51.4/51.4~62.5/55.2~62.5
耕深（mm）	100~180
耕深稳定性（%）	≥85
埋茬率（%）	≥85
连接型式	标准三点悬挂
刀片型式	旋耕刀
刀片排列	螺旋排列
刀片数量	52/54/56

(三)使用操作

1. 刀片安装要求

旋耕机作业之前,正确安装旋耕刀是一项重要的工作,安装不当,将严重影响作业质量，并因刀片旋转不平衡导致机件损坏和机组震动增大。为使旋耕机在作业时避免漏耕和堵塞和刀轴受力均匀，刀片在刀轴上的排列配置应满足以下要求：在同一回转平面内，配置两把以上的刀片，保证切土量相等，以达到碎土质量好，耕后沟底平整；在刀轴回转一周过程中，在同一相位角，必须是一把刀入土，以保证工作稳定性和刀轴负荷均匀；相继入土的刀片，在刀轴上的轴向距离越大越好，以免发生堵塞；左弯刀和右弯刀片应尽量交错排列，以使刀轴两端轴承受力平衡，刀片一般按螺旋线规则排列，要注意使刃口朝入土方向。

2. 安装方法（图 1-31）

（1）外装法。除最外端的两刀片内装外，其余刀片全部都向外装，耕后地面中部有沟。

（2）内装法。安装时，全部刀片都朝向刀轴中央，耕后地面中部有垄。

（3）混合安装。左、右弯刀在刀轴上交错对称安装，但刀轴两端的刀片向里弯。耕后地面平整。

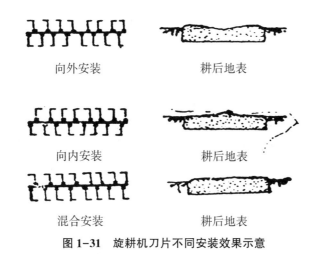

向外安装　　　　　　　　耕后地表

向内安装　　　　　　　　耕后地表

混合安装　　　　　　　　耕后地表

图 1-31　旋耕机刀片不同安装效果示意

3. 使用操作

与轮式拖拉机配套的旋耕机，作业时机架应保持左右水平，前后位置使变速箱处于水平状态；其水平调整是通过悬挂装置的左右拉杆来调整的。耕深由拖拉机的液压系统控制。整体和半分置式液压系统应使用位置调节；分置式液压系统使用油缸活塞杆上的定位卡箍调节耕深，工作时操纵手柄放在"浮动"位置。

作业开始前将旋耕机提升，作业开始时先结合动力输出轴，再慢慢下降旋耕机。地头转弯时，禁止作业，提升旋耕机时万向节的倾斜角要小于30°，以免产生冲击噪声和磨损。当拖拉机的前进速度一定时，刀轴转速快，碎土性能好；刀轴转速慢，碎土能力差。而刀轴转速一定时，拖拉机速度快，则土块粗大。一般来说，刀轴的速度通常用慢挡，要求土壤特别细碎或耕两遍时，可用快挡。旋耕作业耕第一遍时，拖拉机用Ⅰ、Ⅱ挡，耕第二遍时，可用Ⅲ挡。

（四）作业方法

1. 梭形耕法

机组由地块的一侧进入，一行紧接一行往返耕作，最后耕地头，见图 1-32(a)。这种耕法的优点是空行少，时间利用率较高，不易漏耕。但要在地头小转弯，大、中型拖拉机不便于操作。

2. 套耕法

套耕的方法很多是一种间隔套耕法，见图 1-32(b)，也可采用图 1-32(c) 的耕法，即正向耕三条，反向耕两条。采用套耕法可避免地头小转弯，提高时间利用率。偏置式旋耕机宜采用多区套耕法。

3. 回耕法

水耕时，为使耕后地面平整，减少漏耕，常采用回耕法，见图 1-32（d）和图 1-32（e）。向右偏置的旋耕机组，应从地块的右侧进入，由四周耕向中心。对称配置的旋耕机，可从地块任何一方向进入。回耕法的优点是操作方便，转弯小，工作效率高，适用于长方形大地块的耕作。转弯时应将旋耕机提起，防止刀片及刀轴受弯扭而损坏。最后沿对角线将漏耕的地方补耕。

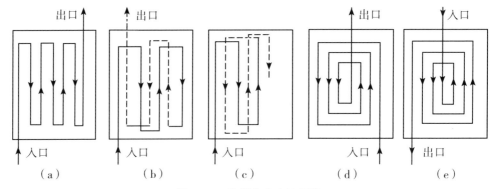

图 1-32　旋耕作业方法示意

二、犁耕机械

目前所使用的耕地机械，主要分为三大类：铧式犁、圆盘犁和凿形犁。

（1）铧式犁应用历史长，技术最成熟，作业范围广，铧式犁是通过犁体曲面对土壤的切削、碎土和翻扣埋茬，实现耕地灭茬作业。根据农业生产的不同要求、自然条件变化、动力配备情况等，铧式犁在形式上又派生出一些具有现代特征的新型犁，如双向犁、栅条犁、调幅犁、滚子犁、高速犁等。

（2）圆盘犁是以球面圆盘作为工作部件的耕作机械，它依靠其重量强制入土，入土性能比铧式犁差，土壤摩擦力小，切断杂草能力强，可适用于开荒、黏重土壤作业，但翻垡及覆盖能力较弱，价格较高。

（3）凿形犁，又称深松犁。工作部件为一凿齿形深松铲，安装在机架后横梁上，凿形齿在土壤中利用挤压力破碎土壤，深松犁底层，没有翻垡能力。

现主要介绍铧式犁。

（一）铧式犁典型结构和参数

1. 典型结构

一般以连接方式来分类，把铧式犁分成牵引犁、悬挂犁和半悬挂犁三种。悬挂犁主要由主犁体、犁架、悬挂架、撑杆、限深轮等组成，见图1-33。

图 1-33　三点悬挂式四铧犁

2. 三点悬挂式六铧犁的主要技术参数（表1-4）

表 1-4　三点悬挂式六铧犁主要技术参数

项　目	1LS180 参数
整机重量（kg）	390
外形尺寸（mm）	2 218×1 856×1 240（长×宽×高）
配套动力（kW）	36.8～48
单铧耕幅（mm）	300
总耕幅（mm）	1 800
耕深（mm）	250～350
犁铧数（个）	6
翻土覆盖率（%）	≥85
耕作速度（km/h）	6～7
生产率（亩/h）	6～8
与拖拉机连接方式	三点悬挂

3. 液压翻转犁

液压翻转犁属于一种双向犁，采用180°全翻式翻转犁，它用左翻和右翻两组犁体轮番作业，从而使土垡向同侧翻转，没有普通犁耕地形成的沟或垄，田面平整。另外，它在地头转弯时空行程少，工作效率高，因而得到了广泛的应用。犁的翻转动作由液压油缸控制，在翻转时油缸行程收缩，使犁架翻转大约 90°，然后再伸长，犁架继续翻转，使另一侧犁体到达工作位置，见图 1-34。

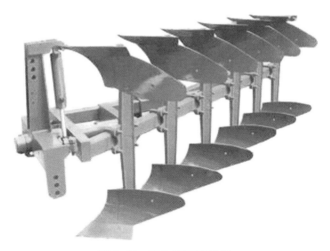

图 1-34 双向液压翻转犁

（二）主犁体的构造和工作原理

1. 构造

主犁体是铧式犁的主要工作部件，用于切开土垡、土条，并使之翻转、破碎以及覆盖地表的残茬和杂草。铧式犁主犁体由犁铧、犁壁、犁柱、犁托、犁侧板等组成，见图1-35。

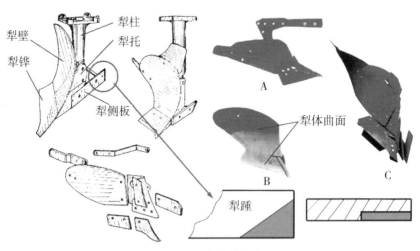

图 1-35 主犁体构造

犁铧又叫犁铲，用于切开土垡，并引导土垡上升至犁壁，犁壁用来破碎和翻扣土垡，犁托连接犁体曲面与犁柱，犁柱连接犁架与犁体曲面，犁侧板用于平衡侧向力，且其末端装有犁踵以加强其作用，并便于磨损后更换。

2. 工作原理

铧式犁的犁铧在田间工作时构成了一个具有三维角度的空间楔子（三面楔），包括胫刃相对前进方向的角度（碎土角），铧面与犁底面的角度（切土角或起土角），铧面与沟墙（前进方向）的角度（推土角）。犁铧工作时，沿前进方向运动，铧刃切出沟底，胫刃切出沟壁，切下的土垡受碎土角的作用沿楔面上升、变形、破碎，受推土面的作用而在上升的过程中向一侧翻转，达到翻土的目的。碎土角、起土角越大，则碎土能力越强，但耕作阻力也越大。在一般土壤中，起土角从 20° 变化到 30°，切割阻力大约增加 10%，推土角在一定范围内不会明显影响碎土质量和耕作阻力。在实际工作中，犁铧只起切下土垡的作用，在其上装有犁壁用于使土垡进一步上升和破碎、翻转，而整个犁体曲面也可以看成是由无数个微小三面楔组成的。而且，为了达到较强的翻土、碎土和覆盖效果，实际工作时的 3 个角度都是在不断变化着的。

（三）作业方法

耕地作业方法有内翻法（闭垄法）、外翻法（开垄法），以及有环节内外翻交替法和无环节套耕法等。

1. 内翻法

机组从地块中心线左侧进入，耕到地头起犁，右（顺时针）转弯后在中心线右侧回犁，依次耕完整块地，耕后地块中间形成一个闭垄台，耕区两边有半个墒沟，见图 1-36（a）。

2. 外翻法

机组从地块右边地进入，耕到地头起犁，左（逆时针）转弯后到地块左地边回犁，依次耕完整块地。耕后地块中间形成一个墒沟（开垄），见图 1-36（b）。

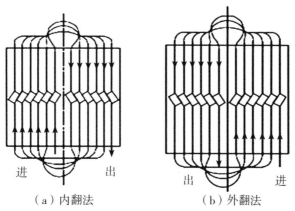

（a）内翻法　　　　　（b）外翻法

图 1-36　内翻法和外翻法

3. 有环节内外翻交替法

在相邻几个作业小区内，依次交替地采用内翻法和外翻法进行，这种方法的特点是奇数区都采用内翻法，偶数区都采用外翻法，反之也可。耕后小区中间有一墒沟或垄台，而小区交界处无垄台或墒沟，地头转弯有环节，适宜于较大地块的耕作，见图 1-37（a）。

4. 无环节套耕法

这种套耕法的特点是地头转弯无环节，故适宜于宽而短的地块。根据驾驶习惯和地形情况又可以分为内翻套耕和外翻套耕等不同形式，见图1-37（b）。

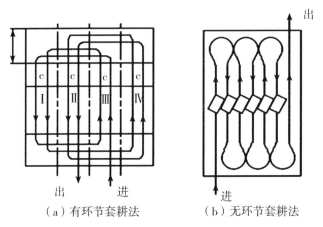

（a）有环节套耕法　　　　（b）无环节套耕法

图1-37　有环节套耕法和无环节套耕法

5. 梭形法

若选用双向犁耕作，通常采用梭形法。在离地边一半耕幅处进入，采用内翻法，返回时拖拉机轮胎走犁沟，采用外翻法，把上一趟内翻土回原处，以后一直采用外翻梭形耕作法，见图1-38。

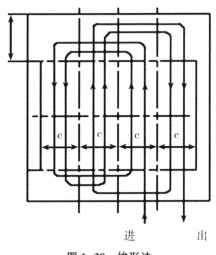

进　　　　出

图1-38　梭形法

三、犁翻旋耕复式作业机械

（一）主要构造和工作原理

该机型主要由铧式犁与旋耕机两大部分集成，主要由悬挂架与拉杆组件、中间轴座总成、万向节总成、犁架焊合、犁体总成、旋耕部件总成、限深轮总成等组成，见图 1-39。

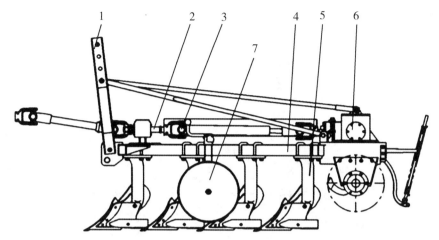

1-悬挂拉杆组件 2-中间轴座 3-万向节 4-犁架 5-主犁体 6-旋耕部件 7-限深轮

图 1-39 犁翻旋耕复式作业机结构

通过三点悬挂与拖拉机相连，由拖拉机牵引。拖拉机将动力输出轴的旋转动力通过万向节总成、减速箱传递到旋耕刀轴总成，利用刀轴上旋耕刀旋转和拖拉机前进的复合运动，前部铧式犁部件完成犁翻、覆盖埋茬（草），后部旋耕机部件完成碎土、二次埋茬（草）和平整等功能。犁翻旋耕复式作业机结构简单，秸秆还田效果好，适用于作物收获后，将经过切碎或粉碎的秸秆及留茬埋入土壤的全量或适量还田作业，也适用于高留茬的秸秆还田作业。

（二）相关参数和作业条件

1. 相关参数

秸秆覆盖率≥85%，碎土率≥70%，耕后地表平整度≤50mm，理论犁耕深度达 160~200mm，旋耕深度达 80~100mm。根据配置铧式犁数量匹配不同幅宽旋耕机。其中，铧式犁 3 犁，耕翻幅宽 1 050mm，旋耕幅宽 1 400mm；铧式犁 4 犁，耕翻幅宽 1 400mm，旋耕幅宽 1 800mm；铧式犁 5 犁，耕翻幅宽 1 750mm，旋耕幅宽 2 300mm。

2. 作业条件

土壤条件：壤土或黏土，土壤绝对含水率为 15%~25%。秸秆条件：稻、麦机收后秸秆留茬高度应不大于 150mm，田块表面秸秆切碎长度应不大于 100mm，秸秆匀铺，无条状或堆放现象。

四、秸秆粉碎还田机械

（一）典型的结构和参数

1. 基本结构

秸秆粉碎还田机主要由传动结构、粉碎室和辅助部件等部分组成，见图 1-40 和图

1-41。传动机构由万向节传动轴、齿轮箱和皮带传动装置组成。粉碎室由罩壳、刀轴和铰接在刀轴上的刀片组成。刀片的型式有 L 型、直刀型、锤爪式等，辅助部件包括悬挂架和限深轮等。通过调整限深轮的高度，可调节留茬高度，同时确保甩刀不打入土中。

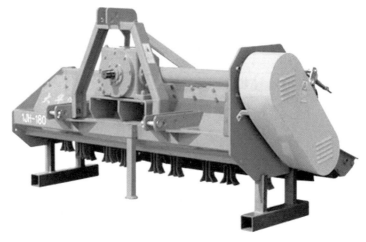

图 1-40　秸秆粉碎还田机

2. 秸秆粉碎还田机的有关参数（表 1-5）

表 1-5　秸秆粉碎还田机参数

项　目	1JH-250 参数
外形尺寸（mm）	1 460×3 000×1 150
机器净重（kg）	980
配套动力（kW）	66~88
筒轴转速（r/min）	1 800
作业幅宽（mm）	2 500
生产率（hm²/h）	>1
锤爪数量（个）	22
甩刀数量（组）	50

（二）工作原理

由拖拉机动力输出轴输出的动力经万向节、主变速箱二轴带动主动轮旋转，主动轮通过三角皮带带动被动轮及粉碎滚筒，以 1 800~2 500r/min 反向旋转，刀轴上装有锤爪或甩刀，在离心力作用下张开，高速旋转的锤爪将地面上的作物秸秆抓起，喂入机壳与滚筒组成的粉碎室，以其高速惯性将秸秆击碎和切碎，秸秆被第一排定齿切割，大部分被切碎。未被粉碎的秸秆，在折线形的机壳内壁受到壳壁截面变化的影响，导致气流速度的改变，使秸秆多次受到锤爪的撞击被粉碎。当秸秆进入锤爪与后排固定齿间隙时，再次受到剪切和撕拉，被粉碎的秸秆经导流板均匀抛撒在田间。紧随其后的限深轮将留下的根茎连同秸秆压实在地面上，这样就完成了全部工作过程，见图1-41。

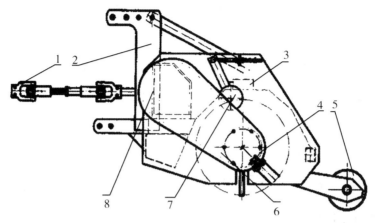

1-万向节总成　2-悬挂装置总成　3-机架焊合总成　4-刀轴焊合总成　5-限深轮总成
6-皮带罩皮带轮总成　7-张紧轮总成　8-传动箱总成
图1-41　秸秆粉碎还田机结构

粉碎机关键功能部件刀具主要有3种型式：锤爪式、双单刀反向对称弯曲甩刀式和正向三刀片直刀式。甩刀式和直刀式刀片有锯齿和非锯齿2种，见图1-42。

图1-42　秸秆粉碎还田机刀片（锤片）

（三）使用操作

作业时应先将还田机提升到锤爪离地面20~25mm的高度，提升位置不能过高，以免万向节偏角过大造成损坏。

接合动力输出轴，转动1~2min，挂上作业挡，缓慢松放离合器踏板。同时操作液压升降调节手柄，使还田机逐步降到所需要的留茬高度，随之加大油门，投入正常作业。

作业中要及时清理缠草。清除缠草或排除故障时必须停机熄火进行，以免造成人员伤害。随时检查三角带的松紧程度，以免降低刀轴转速，影响粉碎质量和加剧三角带的磨损。

严禁带负荷启动秸秆粉碎还田机，机具运转时严禁急升快降，机组转弯前应先升起机具，严禁机具在工作位置时转弯，以免损坏限位链。严禁拆除传动带防护罩。

作业时禁止甩刀入土作业，防止无限增加扭矩而引起机具损坏，并避开土埂、树桩及其他障碍物。若发现锤爪打土时，应调整地轮离地高度或拖拉机上悬挂拉杆长度。

作业时有异常响声，应立即停车检查，排除故障后方可继续作业，严禁在机具运转情况下检查机具。

第三节 水田机械化整地起浆装备及技术要求

水田机械化整地是针对水田条件下实施的耕翻碎土、秸秆深埋、起浆平地等多项作业。从作业效果看，水田地表平整，稻茬被充分覆盖，田间泥脚深浅一致，能有效地进行还田和机插秧，起到了提高地力，增加土壤孔隙度，改善土壤通透性，促进水稻生长的作用。国家支持推广的农业机械目录已经将具有旋切耕翻、碎土拌茬、起浆埋茬和平整镇压功能的系列普通旋耕机、秸秆埋茬还田机和水田耕整机、打浆机等合并为"旋耕机"一个品目。现介绍几种典型的水田机械化整地起浆装备及技术要求供参考。

一、基本构造和工作原理

（一）基本构造

水田起浆埋茬耕整机（单轴）是在普通旋耕机的基础上（通用件占80%左右），对刀辊和旋耕刀进行改进设计，针对水田实施耕翻、埋茬、碎土、起浆、平地等作业，并配置拖板（挡土板）和流线型平地板，使用中间（或侧边）传动正向旋转。整机结构为圆梁式和框架式等，采用三点标准悬挂，配套动力为51.5kW（70马力）左右的拖拉机。拖拉机的动力经传动输出轴、万向节总成传至传动箱总成的小锥齿轴，经过一对锥齿轮减速并改变方向，再通过一对圆柱齿轮（中间有过桥齿轮）减速，通过输出花键轴将动力传递到刀辊总成，使刀辊总成旋转，一次性完成耕翻、埋茬、碎土、起浆、平地等多道工序，见图1-43。

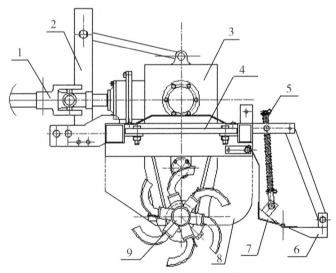

1-万向节总成 2-悬挂支撑总成 3-传动箱体总成 4-框架总成 5-强压杆总成
6-平地板总成 7-拖板（挡土板）总成 8-侧板 9-刀轴总成

图1-43 水田起浆埋茬耕整机（单轴）结构

（二）工作原理

水田起浆埋茬平地机作业质量好坏，其核心工作部件耙辊起关键作用，耙辊主要完成起浆工序，在高速旋转下起到切土、埋茬、抛土的作用，耕整机后部采用半封闭或封闭的拖板（挡土板）和流线形平地板，将抛出的土撞击在挡土板上击碎，完成对土壤粉碎、撞击、搅拌平整等工序，从而达到起浆平地的效果。

1. 密齿刀式、燕尾刀式耙辊

采用组合式加密的小型弯刀或燕尾刀，即在原有旋耕刀上部左右两边焊接分岔的"燕尾"形或"Y"形刀头，同时由安装在埋茬刀根部的刮浆板进一步击碎成浆。对水泡田泡透耕作层要求高，适合沙土或壤土土质的水泡田起浆埋茬作业，埋茬效果质量一般，黏重土壤阻力大，刀辊易黏土堵塞。去掉刮浆板杆可以作为旱田耕整埋茬作业，换成普通旋耕机刀轴，还可以转换为普通旋耕机，见图1-44。

图1-44 两种密齿刀式刀辊

2. 滚筒式刀辊

滚筒式刀辊主要由耙滚轴、角铁、耙片、圆盘、碟形盘等焊合而成，耙滚上的工作部件齿板在回转过程中穿透土壤。该刀辊主要用于旱耕后水田的切削、破碎、抛掷土块作业。水田驱动耙在入土时刀齿砍切土块，齿板工作面近于平压入土，然后逐渐转成垂直出土。同时耙组中间隔盘又限制土块横向窜动，故在入土过程中齿板强烈地挤压、搅动土壤，起到良好的碎土、起浆和埋茬作用，完成旋耕机刀片不能达到的效果。因为驱动耙的切土节距小，耙后土层上细下粗，又带糊板作业，所以一次作业就可能满足机插秧整地要求，见图1-45。

3. 专用弧形打浆刀式刀辊

该刀辊主要由耙浆弧形弯刀等组合而成，有的机型也在埋茬刀根部安装起浆板进一步击碎成浆。埋茬刀在水田挖土的同时，也把麦秸秆（草）一起挖了起来，在旋转过程中与土混合搅拌，由于埋茬刀的正向弯曲和侧向弯曲呈特定的弧形，所以在草与泥的拌和过程中不会勾草（缠草），达到起浆埋草的目的，见图1-46。

图 1-45　滚筒式刀辊

图 1-46　两种弧形打浆刀式刀辊

二、主要机型

（一）带刮浆板的埋茬耕整机

1. 结构特点

该型机采用独特的装有刮浆压草板的多棱形刀辊、组合式加密灭茬刀、半封闭曲线挡土板结构（可选装具有自调压装置的平整地副拖板），能够一次完成全量或半量稻麦秸秆的灌水浸泡后（24h 以上）的旋耕、埋茬、碎土、起浆、平整地等多道作业工序，达到抛秧、插秧前水田整地的农艺要求，见图 1-47。

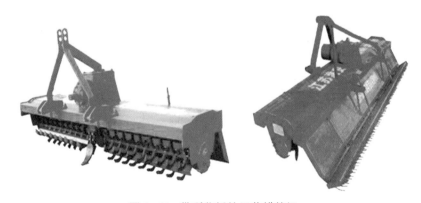

图 1-47　带刮浆板的埋茬耕整机

2. 250 型埋茬耕整机主要参数（表 1-6）

表 1-6　250 型埋茬耕整机主要参数

项　　目	1GSZ-250 参数
配套动力（kW）	58.81~66.2
幅宽（mm）	2 500
耕深（mm）	80~160
埋茬率（%）	≥70
起浆溶度（%）	≥75
耕后地表平整度（mm）	≤50
刀片形式	1S195-225/1T195-245
刀片数量（把）	124
刀片排列形式	三列直排并装配三列压草刮浆板
工作效率（hm²/h）	0.35~1.16
动力输出轴转速（r/min）	540~800
刀轴转速（r/min）	210~300
与拖拉机的联接方式	标准三点悬挂

（二）驱动型水田耙

1. 结构特点

　　驱动型水田耙适用于耕后水田平整和埋茬、起浆作用。一是麦茬口在旋耕或犁耕后灌水，然后进行水耙。二是前季稻麦口灌水旋耕后进行水耙。主要由中间齿轮箱总成、侧边齿轮箱总成、滚筒式耙滚焊合、罩壳拖板焊合、悬挂架总成及传动轴总成等部件组成。中间齿轮箱总成：主要由箱体、一轴、大小锥齿轮、轴承盖及左右主梁组成。侧边齿轮箱总成：主体由箱体、中间轴、小齿轮、中间齿轮、最终传动齿轮、端盖、后盖板、右侧板等组成。悬挂架总成：主要由悬挂拉杆、悬挂撑杆、悬挂销等组合成，用于与拖拉机的挂结。耙滚焊合：滚筒式耙辊由数段圆盘隔断的小滚筒拼接焊合而成，每节小滚筒在圆周上均匀分布 4 个齿板，每个齿板上焊有 4 个小耙片，小耙片按照螺旋线交错排列。罩壳拖板焊合：主要作用是使被耙滚抛出的土块得到再次破碎，并使耕后地表平整，改善劳动条件和保证操作安全的作用。糊泥板：是由 2mm 厚的钢板焊合而成的一个空心矩形盒，在矩形盒上安装钢丝弹簧，在泥浆水面上具有一定的浮力，能有效糊平麦茬田表面，将残余的埋茬压入泥浆中和起浆作用，见图 1-48。

图 1-48　驱动型水田耙

2. 驱动型水田耙主要参数（表 1-7）

表 1-7　驱动型水田耙主要参数

项　目	参　数		
	1BPQ-200	1BPQ-230	1BPQ-280
配套动力（kW）	18.4~29.4	29.4~40.4	36.8~47.8
动力输出轴转速（r/min）	540、720		
常用挡次（挡）	Ⅱ、Ⅲ		
结构形式	滚筒式/刀齿式		
宽幅（mm）	2 000	2 300	2 800
刀辊设计速度（r/min）	200/226（动力输出轴 540/720）		
刀辊最大回转半径（mm）	175		
弧形刀总安装数（把）	50	60	78
滚动式耕齿总焊合数（个）	72	84	108
弧形齿刀型号	弧开齿刀/R140		

（三）专用弧形刀式打浆机

1. 结构特点

我国耙浆机采用弯刀轧制生产新工艺，以阿基米德螺旋线作为刃口曲线，采用大包角，刃口滑切角由小变大，滑切角大于摩擦角，以及特制的防缠草刀座，可增加刀片入土时的导流效果，使草无法缠住刀轴，有利于切草、排草，适于秸秆埋茬作业。该机利用拖拉机动力输出轴传入的动力，经万向传动轴传至中间齿轮箱上的两花键轴来驱动左右刀轴做回转运动，通过搅浆弯刀实现切碎土块和灭茬工作。它所附带的拖板对土壤进行拍打，完成了整地、搅浆的全过程。对已搅碎悬浮的泥浆经机后的弹齿平地板和弹性强压杆将稻茬压入泥浆 50mm 以下后拖平，采用梳形齿结构，可防止泥浆堆积，改善平地效果，经沉淀后达到适宜机械（或人工）插秧状态。打浆机适合北方土质疏松、未及时秋翻地的原茬稻田地，在春耕时直接进行水田耕整，效果更明显。在江苏等地需要在旱耕的基础上再实施起浆埋茬平整作业，效果也比较好，见图 1-49。

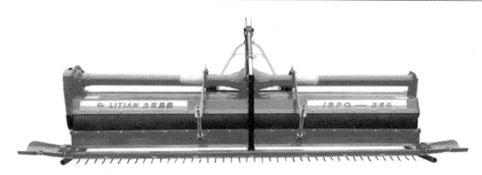

图 1-49　新型弧形刀打浆机

近年来，中大马力拖拉机配套新型宽幅打浆机，采用三段式宽幅耕整刀组，增加的折叠翼实现可拆卸功能，折叠后的宽度相当于普通打浆机的宽度，展开后整机工作幅宽可由原来的 2.4m 扩展到 4m 以上，可以大幅度提高作业功效，大大缩短耕整时间，见图 1-50。

图 1-50　新型 4m 宽幅打浆机

2. 驱动打浆机主要技术参数（表 1-8）

表 1-8　驱动打浆机主要技术参数

项　目	参　数		
	1JS-400	1JS-460	1JS-500
整机尺寸（长×宽×高）（mm）	1 180×4 125×1 045	1 180×4 725×1 045	1 180×5 125×1 045
耕幅（mm）	4 000	4 600	5 000
配套动力（kW）	66.2	73.5	81
刀辊回转半径（mm）		190	
刀辊半径变动量（mm）		≤15	
整机质量（kg）	582	616	650
搅浆深度（mm）		100~160	
生产率（hm²/h）	0.36~1.26	0.44~1.49	0.44~1.49
弯刀型式		专用弧形打浆刀	
弯刀数量（把）	102	124	138
传动方式		双侧边齿轮传动	
挂接方式		三点悬挂	

（四）水田双轴旋耕起浆埋茬耕整机

1. 结构特点

水田双轴旋耕起浆埋茬耕整机是采用三点悬挂方式与拖拉机连接，用万向节将拖拉机的输出动力传递给旋耕机双侧齿轮箱减速箱体，分别把动力传递给旋耕刀轴和灭茬刀轴。前刀轴按旋耕机的刀轴设计，安装 IT245 旋耕刀，起到挖土、抛土的作用，所抛之土击落在隔板上。后刀轴按埋茬耕整机刀轴设计，安装水田埋茬刀，挖起前刀轴运动刚落下的土和秸秆抛向挡土板，起到起浆和拌和秸秆的作用。同样，埋茬刀的根部安装起浆板，起到打浆的作用。最后由平地板将已耕地刮平。该机一次即可完成挖土、起浆、覆埋秸秆和平地的作业，见图1-51、图1-52。

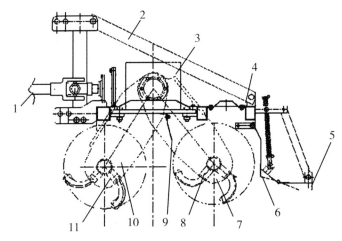

1-万向节总成　2-悬挂支撑总成　3-传动箱体总成　4-框架总成　5-平地板总成　6-拖板（挡土板）总成
7-埋茬传动箱体总成　8-埋茬刀轴总成　9-隔板　10-旋耕传动箱体总成　11-旋耕刀轴总成

图1-51　水田起浆埋茬耕整机（双轴）结构示意

图1-52　水田旋耕起浆埋茬耕整机（双轴）

2. 220 型双轴旋耕埋茬耕整机主要技术参数（表 1-9）

表 1-9　220 型双轴旋耕埋茬耕整机主要技术参数

类　别	双　轴
配套拖拉机动力（kW）	58.8~73.5
工作幅宽（mm）	2 200
挂接方式	标准三点悬挂
输出轴转速（r/min）	540/720
刀轴数（单双）	双
灭茬刀轴/旋耕刀轴转速（r/min）	516/258
灭茬辊最大回转半径（mm）	180
灭茬刀/旋耕刀形式	L 短刀/1T245
灭茬刀/旋耕刀数量（把）	108/62
旋耕刀辊回转半径（mm）	245
有无拖板	有

三、作业方法

（一）使用操作

（1）按使用说明书的要求进行安装调试，与拖拉机挂接可靠、安全防护到位。检查和调整万向节前后夹角，最大夹角工作状态时不允许大于 ±5°，提升时不允许大于 20°。

（2）安装时要保证机具左右两边处于同一水平位置，以保证耕深的稳定性和一致性。根据地块条件、作业要求，调整拖拉机液压提升机构提升最高限位，控制水田埋草（茬）耕整机作业深度（耕深 120~150mm）满足农艺要求。

（3）调整拖拉机动力输出轴转速，确保水田埋草（茬）耕整机犁刀轴转速达到规定值（或作业效果最佳转速），禁止带负荷启动；起步时，应使还田机逐步达到限定位置，禁止在起步前将还田机猛放至限定位置；作业转弯时应将还田机升起，禁止带负荷转弯，转弯后方可降落作业，注意升降平稳。还田机不提升禁止后退，作业中禁止带负荷后退；作业检查或转移时，应切断动力输出，还田机停止转动。

（二）作业方法

秸秆全量还田情况下一般作业两遍，具体视作业一遍后的地表情况决定。第一遍顺田间长度采用无环节套耕作业法，避免漏耕，可适当重耕，以提高埋草效果。第二遍"绕行法"找平，并适当提高作业速度，见图 1-53。

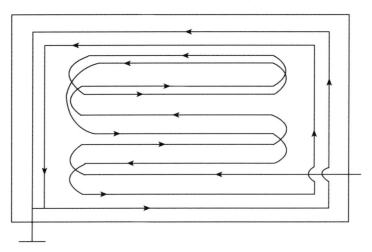

图 1-53　耙田方法

第二章　机械化插秧技术及装备

　　高性能机插秧技术是应用高性能插秧机，通过人、机、苗、田密切配合，把专门育成的秧苗插入田间，使其苗壮成长的一项系统工程。机械化插秧是水稻全程机械化发展的重要环节，也是主要短板环节，大力推广水稻机插高质高产栽培技术，不仅能解放劳动力和提高劳动生产率，而且节工、节肥、节水效果明显，是提高水稻综合生产能力、增加稻谷总产和提高稻作效益的重要途径，经济、社会和生态效益显著。培育适合机插的壮秧，规范使用插秧机械，保证机插秧质量，采取相应的肥水运筹措施，实现水稻高产优质高效是水稻机械化插秧环节的重要内容，见图2-1。本章节重点介绍机械化插秧环节的相关知识。

图 2-1　水稻插秧机插秧作业和秧苗大田生长

第一节　机插秧规格化育秧技术

　　"秧好半熟稻"，培育水稻壮秧是关键。近年来，机插秧育秧用播种流水线替代人工播种、基质替代营养土育秧、硬盘替代软盘育秧、工厂化（商品化）集中育供秧基地替代常规分散育秧的趋势明显，育成秧苗播种均匀度、出苗率和出苗整齐度显著改善，秧苗的叶色、株高、基部宽度、根系等素质指标明显提升。

一、机插秧苗类型和素质要求

（一）类型

机插秧苗形式可以分为毯状苗、钵体摆栽苗和钵体毯状苗，见图2-2、图2-3、图2-4。

图2-2 普通毯状苗

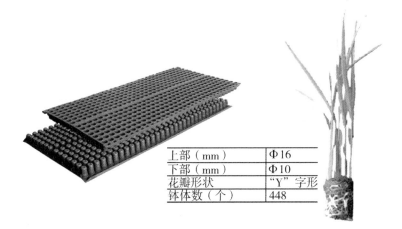

上部（mm）	Φ16
下部（mm）	Φ10
花瓣形状	"Y"字形
钵体数（个）	448

图2-3 钵体摆栽苗

图2-4 钵体毯状苗

（二）素质要求

1. 秧块要求

规格化毯状秧苗要求秧块土层厚度应均匀一致，秧块四角垂直方正，不能缺边、断角，根系发达、苗高适宜、茎部粗壮、叶挺色绿、均匀整齐，秧根盘结力强，提角不散，起秧栽插时秧块含水率为 25% 左右。

2. 成苗要求

常规粳稻育秧要求秧盘每平方厘米成苗 1.5~3 株，杂交稻成苗 1~1.5 株。

3. 壮秧指标

秧龄 15~20d，叶龄 3.5~3.8 叶，苗高 120~180mm，白根数 10 条以上，秧苗生长整齐健壮，青秀无病，秧块达到"根白、叶绿、整齐、无秃"的标准。

二、机插秧规格化育秧技术流程（图2-5）

机插秧规格化育秧技术流程，见图 2-5。

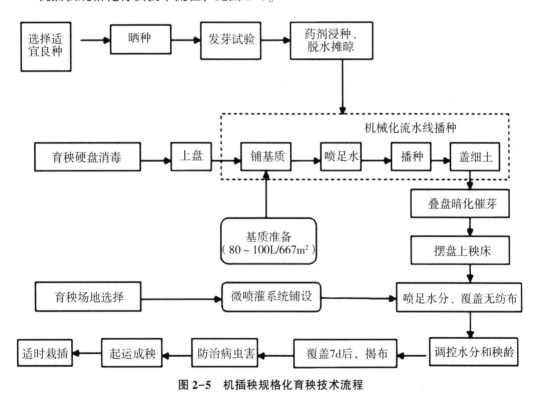

图 2-5　机插秧规格化育秧技术流程

三、机插秧规格化育秧技术

（一）秧池准备与秧板的制作

1. 秧池选择

选择地势平坦、土壤肥沃、排灌方便、临近大田的田块做秧池，秧池面积按

1：80 的比例预留。

2. 秧板规格

秧池畦面净宽 1.4m，沟宽 0.2m，沟深 0.15m，四周沟宽 0.3m，沟深 0.25m，长度视需要和田块的大小确定。

3. 精做秧板

铺盘前 10~15d 放样开沟，将板面整平，灌水验平后排水晾板，沉实板面，铺盘前 2d 铲高补底，填平裂缝，并充分拍实，达到"实、平、光、直"的标准。

（二）育秧材料的准备

1. 秧盘的准备

（1）规格类型。300mm 行距的毯状秧盘规格（长×宽×高）：硬盘 580mm×280mm× 30mm、软盘 580mm×280mm×25mm；250mm 行距的毯状秧盘规格（长×宽×高）：硬盘为 580mm×228mm×30mm、软盘 580mm×228mm×25mm。钵体毯状苗盘内尺寸同上，以 300mm 行距为例，秧盘中下部不是平底，设计成横向 14 个、纵向 31 个的小钵，秧苗大部根系盘结在小钵体内，上层部分根系盘结成毯状，以便于卷起秧盘放入机器插秧。

（2）秧盘准备。每亩大田机插秧所需的盘数，对于 300 行距分蘖性一般的常规粳稻备秧盘 30~35 盘，对于分蘖性较好的常规粳稻备秧盘 25~30 盘，杂交稻一般备秧盘 13~20 盘。对于 250 行距粳稻要备秧盘 40 盘左右，钵体毯状苗一般备秧盘 40~45 盘。

2. 种子准备

每亩大田备足精选种子 4kg，晒种 1~2d 后，用 16% 的咪鲜·杀螟丹 10g 兑水 7.5~ 10kg 或用 15g 恶线清+10% 吡虫啉 5g 兑水 6kg，浸种时先把药液按比例加水稀释，搅匀后再加入淘洗干净的种子，切不可先加稻种后加药，药液应没过稻种 50~100mm 为宜，药剂浸种时间不低于 48h，用来消灭恶苗病、干尖线虫病等种传病害。

3. 床土准备

一种用收集并过筛后的细土，每 100kg 细土加壮秧剂 0.8kg 拌匀作为秧盘底土；另一种选用商品基质，每亩大田须备足 60kg 基质或 50kg 基质加 10kg 营养土；每亩大田还准备未培肥的盖种细土 5~10kg（不含壮秧剂）。

4. 覆盖材料的准备

每亩大田的秧板，需准备薄膜（或无纺布）5~6m 及少量的芦苇或细竹竿。

（三）流水线播种和叠盘暗化

1. 流水线播种

育秧播种流线可以实现自动送盘、铺底土、浇水、播种和覆土等工序，一次性完成，见图 2-6。

（1）铺床土厚度。铺底土厚度可以调节，一般铺土厚度 25~30mm，盖籽土的厚度 3~5mm，以不露种为宜。

（2）每盘种量。稻种的播量可以调节，580mm×280mm 规格秧盘的播量 125g/盘（湿谷 160g/盘），580mm×228mm 规格秧盘的播量 100g/盘（湿谷 130g/盘）；钵体毯状盘 580mm×280mm 规格秧盘（434 钵）的播量 100g/盘（湿谷 130g/盘）。

图 2-6 育秧播种流水线播种作业

（3）适时播种。根据前茬麦的收获期，秸秆还田耕整地的时间，以及插秧机的作业量，按 15~20d 秧龄，按照"宁可田等秧，不可秧等田"的原则，算准适播期，分批确定播种期，杜绝使用超龄秧栽插。

2. 叠盘暗化

将流水线播种作业后的种盘移至暗室内（也可在室外场地或秧池边），每叠 20~40 盘，秧盘的摆放务必做到垂直、整齐，盘堆要大小适中，堆与堆之间要留有空隙，保证气流通畅，避免高温烧芽。叠盘顶部和四周用黑色膜布封闭，不可有缝隙和漏洞，做到保温保湿不见光，防止盘间与盘内温湿度不一致，影响齐苗。通过暗室里叠盘高温高湿的小环境进行催芽 2~3d，待 80% 芽苗露出土面长到 5~10mm，就可以从暗室中移出。如果是基质育秧保水保湿性能差，要适当控制暗化时间。齐苗后的秧盘可以连盘带秧提供给农户，由他们移至炼苗大棚或秧田进行绿化，用无纺布覆盖并完成后，进入正常田管即可，见图 2-7。

图 2-7 育秧叠盘暗化及出芽效果

"叠盘暗出苗"育秧模式正是在于通过暗化齐苗、温湿度调控等作业程序，一方面大大缩短育苗时间，同时将出苗率提至 90% 以上；另一方面，保证秧苗整齐均匀，在后期机插时可有效避免空株的出现。该模式也被称为"1 个育秧中心+N 个育秧点"的育供秧模式。首先，由专业育秧中心完成流水线播种和前期"叠盘出苗"，保证了育秧过程中影响水稻产量和效益的关键技术到位率，解决了一家一户育秧秧苗素质低的问题；同时，由于育秧点分散后，设备利用率和劳动效率都显著提高，供秧能力至少提高10倍以上，育秧总体成本可下降10%～15%。

（四）人工或半自动铺盘、播种、覆土、盖膜（无纺布）、洇水

1. 顺次铺盘

采用人工或机器在田间直接播种作业的，首先要将空秧盘顺次铺放在秧池，然后再铺底土、分次播种、覆土作业，见图2-8、图2-9。

图2-8 人工育秧、播种、盖土作业　　　　图2-9 手推式播种器播种

流水线播种后没有实施叠盘暗化的种盘要运送到秧池平铺，软盘的盘与盘的飞边要重叠排放，盘底与床面紧密贴合，秧床四周边沿秧盘外侧要用土围起，以防边盘变形。

2. 覆盖保墒

秧盘铺好后，要先在板面上每隔500～600mm放一根芦苇或细竹竿，起架空薄膜保证透气的作用，然后用薄膜覆盖，并将四周封严封实。如果盖无纺布可省去芦苇或细竹竿隔离，见图2-10。

图2-10 播种后薄膜和无纺布覆盖

3. 泅水

采用流水线作业但没有泅水就进入秧池田和人工在秧板播种作业的秧盘，要确保泅透水后迅速排放，灌平沟水，并开好平水缺。特别是基质育秧直接在秧池铺盘作业的，更要注意播种后泅足泅透水，确保种子湿度和出芽用水需求。

（五）苗期管理

1. 揭无纺布

为预防灰飞虱的危害，避免或减轻条纹叶枯病的发生，无纺布覆盖时间可延长至播后7~10d，同时根据秧苗高度，适当抬高无纺布，以保证秧苗足够的生长空间，确保秧苗正常生长。

2. 肥水管理

秧苗二叶一心前，以半旱式水管为主，保持盘土湿润不发白，含水又透气，上水时间选择早上或下午傍晚前进行。二叶一心后，采取旱育管理，坚持不卷叶不补水，以保持旱育优势，促进秧苗盘根。

合理施肥。在一叶一心期（播后7~8d）施好断奶肥，每亩秧池用4~5kg尿素，于傍晚揭布均匀撒施，施肥时田间保持薄水层，施完后重新盖好无纺布，并保水1~2d。移栽大田前的送嫁肥视苗情酌情施用。

病虫害防治。秧田期病虫害主要有稻蓟马、灰飞虱、立枯病、稻瘟病、螟虫等。秧田期根据病虫发生情况，及时对症用药防治，减轻大田病虫害的发生，见图2-11。

图 2-11　机插秧苗期肥水管理

四、旱地（旱式）微喷灌育秧技术

在硬质地面或秧池采用成本低廉、简便易行的微喷灌系统育秧，实施精细化管理，按需适时灌溉，秧苗根部发达，盘结力强，有效保障秧苗质量，解决了传统育秧大水漫灌容易烂根和秧根盘结力差的问题，能够结合机插秧作业时间需要精准控制并适当延长秧龄。没有安装微喷灌系统的，也可应用高地隙喷杆植保机、简易喷雾器，甚至家用洒水壶，实施房前屋后等硬质场地微喷灌育秧，见图2-12。

必须注意的是，采用这种育秧方法，特别要注意播种后出苗前要保证苗盘床土和种子要吸足水，要创造"高温、高湿"小环境，保证出苗整齐均匀。

图 2-12　硬质地面微喷灌育秧

五、钵体毯状苗育秧技术

机插秧育秧传统毯状平盘秧苗根系交叉盘结，插秧时秧针切块导致秧苗根部受机械撕扯植伤大，根系伸展期长，蹲苗期长，返青迟2~3d，7~10d基本无生长量，虽分蘖势强具有暴发性，但成穗低、穗型偏小。钵体摆栽苗技术极大地发挥了钵体内秧苗摆栽无植伤、浅栽、早发优势，但受钵苗摆栽育秧和摆栽机的过高成本制约，难以大面积推广。钵体毯状苗和传统平底育秧盘及钵苗不同，这种育秧盘中下部设计成一个个小钵体，水稻秧苗的根系大多数盘结在小钵体的土壤中，苗壮、苗齐、苗匀，能保证育苗环节能够育出健壮的秧苗，插秧机插秧的时候按照每个钵体分割插入水稻田，钵体苗的根系基本没有破坏，植伤轻，符合农艺要求的浅插、匀插、直插，有利于秧苗及时活棵返青，漏秧率低，插后返青快，发根、分蘖早，低节位分蘖多、穗型大，有利于高产群体形成，增产优势明显。钵体毯状苗育秧技术既降低了育秧和插秧机成本，又发挥了传统毯状秧苗的育秧流水线快速易操作和钵体苗快发优势，为水稻的高质高产提供了优化方案。钵体毯状苗苗盘长宽和普通机插秧平盘一样，以300mm行距为例，苗盘宽280mm方向分布14个小钵，长580mm方向分布31个小钵，整个苗盘共有434个钵体。由于钵体位于苗盘中下部，苗盘上部在铺营养土播种后，具有和平盘苗一样的毯状盘结力，便于卷苗运输和摆放到插秧机苗箱上，见图2-13、图2-14。插秧机按小钵精确取秧，插秧时需要把插秧机横向取苗次数调整到14次，纵向取秧量调整到最大，保证每次取秧正好切到一个完整的钵体苗。

（a）钵体毯状苗小秧块切口整齐有型　　　　（b）普通毯状苗小秧块切口无序杂乱

图2-13　钵体毯状苗和普通毯状苗切口对比

图2-14　钵体毯状苗和普通毯状苗切块对比

六、机插秧苗移栽准备

1. 秧苗的准备

控水炼苗。麦茬秧控水时间宜在栽前 2~3d 进行，防止床土含水率过高。秧苗过于娇嫩，不但影响起秧和运秧，而且没有经过炼苗的小秧在大田栽插时，成为弱苗活棵返青慢，还容易出现死苗现象。

带药移栽。在栽前 1~2d，每亩用 25% 快杀灵乳油 30~35mL 兑水 40~60kg 进行喷雾。在水稻条纹叶枯病发生区，防治时应亩加 10% 吡虫啉乳油 15mL 兑水喷雾，控制灰飞虱的带毒传播危害。

2. 起秧

起秧前先连盘带秧一并提起，慢慢拉断穿过秧盘底孔的少量根系，再平放，然后小心卷苗脱盘，保证秧块不变形、不断裂、不伤苗。

3. 备秧

每亩大田预备的秧盘数量要根据水稻品种、分蘖特性、栽插时间等因素，以 300mm 行距的机插秧为例，一般常规粳稻播 30 盘左右，杂交粳稻 15 盘左右。无论何种育秧方式、何种品种均需培育 10% 左右的备用秧。在育秧后期，如遇连阴雨天气，秧苗发生急性稻瘟病初期时，防治时应每亩使用 75% 三环唑可湿性粉剂 20g 兑水喷雾，预防大田暴发流行。

4. 运秧

运输时秧块要卷起，到田边平放并遮盖。减少秧块搬动的次数，保证秧块规格尺寸，防止秧苗枯萎，做到随起、随运、随栽。

第二节　育秧装备

一、育秧播种流水线

育秧机械化技术所用机械主要包括播种流水线、脱芒机、碎土机、筛土机、秧盘和浸种催芽设备等。

1. 播种流水线

育秧播种机是培育规格化秧苗的关键设备，铺盘、装土、洒水、播种、覆土等作业流程均在流水线上一次完成，主要由自动送盘装置、铺土总成、洒水装置、播种总成、覆土总成和传动系统以及机架等组成。有的流水线还增加秧盘供送、秧盘叠放的工序。播种流水线中最关键的工作部件是排种器，它对播种均匀性等技术指标产生直接的影响，甚至决定秧苗素质、机插质量的好坏。常用的螺旋槽式排种器，可使种子连续均匀下落，提高播种的均匀性。

2. 工作原理

它的动力分别由 3 台电机提供：一台电机带动铺土总成及传动系统，一台调速电机带动播种总成，一台电机带动覆土总成及传动系统。作业时，秧盘先通过铺土总成铺底土，再经洒水装置将底土洇足水，播种总成进行均匀播种和表面覆土，在流水线上一次完成铺土、洒水、播种、覆土等多道工序，见图 2-15。

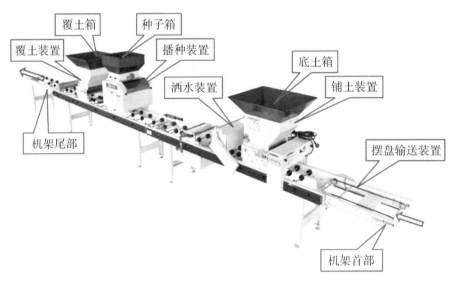

图 2-15　水稻盘育秧播种流水线

3. 水稻盘育秧播种流水线主要技术参数（表 2-1）

表 2-1　水稻盘育秧播种流水线主要技术参数

项　目		2BL-280B 参数	
外形尺寸（长×宽×高）（mm）		4 650×530×1 100	
重量（kg）		120	
电机动力		50Hz　220V　300W	
容积（L）	铺土箱	45	
	播种箱	30	
	覆土箱	45	
播种量的调节		由调速电机的旋钮控制	
播种量范围（干种 g）		杂交稻 50~90g/盘	常规稻 100~200g/盘
铺土厚度（mm）		20~25	
覆土厚度（mm）		3~5	

二、履带自走式水稻田间秧盘播种机

1. 典型结构

履带自走式水稻秧盘播种机由动力及传动系统、摆盘箱、床土箱、播种箱、覆土箱、铺盘装置和行走机构等组成。在机器上放盘和装土后，可以在秧床上一次完成铺土、播种、盖土和铺盘四道工序，见图 2-16。

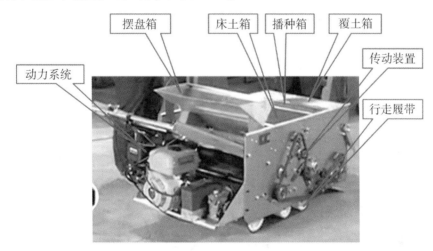

图 2-16　履带自走式水稻田间秧盘播种机

2. 工作原理

该机通过动力和传动系统将送盘、铺底土、播种、覆土和摆盘装置集成一体，人工在摆盘箱入口依次放入空盘，在机器内按顺序完成铺土、播种和覆土作业，并根据需要可以调节转速实现播种量和生产率的变化，使用平板带输送秧盘，播种覆土后活节轴吐盘，使秧盘平稳整齐地自动铺放在秧床地面上。采用履带行走结构，接地面积大，接地压力小，转弯半径小，跨沟越埂能力强；摆盘质量好，效率高，生产率可达 800 盘/h。本机 2~6 人均可操作，节省人工 10~20 人，解决了人工育秧铺盘、铺土、播种和覆土的烦琐程序，比育秧播种流水线作业解决了人工运盘用工多、雇工难和成本高的问题，见图 2-17。

图 2-17　履带自走式水稻秧盘播种机播种作业

三、配套育秧设备

1. 床土粉碎机

（1）结构组成。主要由机架部分、壳体部分、锤土搅动筛片部分、料斗部分、动力部分和输送装置等组成，见图 2-18。

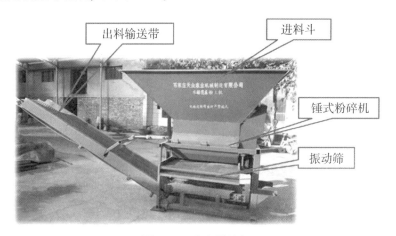

图 2-18　床土粉碎机

（2）工作原理。水稻床土粉碎机根据水稻秧苗生长对土壤的实际要求，人为制造出适宜秧苗生长的理想土壤团粒粒径的要求，有的还配有拌药机，将土、肥、药均匀混合，直接可以生产出营养土。开始工作时，待粉碎的原料土需人工喂料，电机提供的动力通过传输机构输入到飞锤式工作回转部分，配置不同孔径的筛片，可以生产出满足机插秧育秧需要的育秧床土。其具有提高生产效率、减轻劳动强度、提高土壤的利用率，同时完成苗床土中所需药剂或肥料的合理配比搅拌作业，提高药剂与肥料的使用效率。

（3）床土粉碎机主要技术参数，见表2-2。

表2-2　床土粉碎机主要技术参数

项　目	参　数
外形尺寸（长×宽×高）（mm）	1 220×840×1 240
配套动力（kW）	7.5
工作效率（t/h）	7~10
锤片回转半径（mm）	230
粉碎粒度（mm）	≤2/2~4/4~6

2. 脱芒机

脱芒机用于去除杂草与小枝梗，以提高种子的纯度，确保插种的均匀度。

3. 筛土机

筛土机用于筛选均匀的细土和筛掉小的石子及杂草。床土中如有异物，不仅不能保证播种的均匀度，插种时引起漏插、缺棵，而且易损坏插秧机栽植机构。

4. 浸种催芽设备

该设备可对种子进一步消毒处理，并在一定的温度和湿度下浸种，种子迅速破胸露白，达到播种流水线播种的要求。

四、微喷灌湿润育秧设备

1. 微喷灌系统的组成

微喷灌系统主要由合适的水源、首部控制系统、管网系统和微喷头组成。

（1）水源。微喷灌的水源应为符合水稻灌溉水质要求的地上水或地下水，如河、渠、水库、塘坝、井、泉等。

（2）首部控制系统。因控制中心位于微喷系统的首部，所以也称首部枢纽，主要包括水泵、动力机、过滤器、化肥罐、阀门、压力表、水表等设备。

（3）管网系统。该系统为输水管道和配水管道的总称，一般分为干管、支管、毛管和连接管等级数。其作用是将经过控制中心处理的水，按灌溉的要求输送到田间各微喷支管，再输送到田间各微喷头。另外，管网系统还包括各级管道的控制设备。

（4）微喷头。微喷头是整个微喷灌系统的关键设备，其作用是把压力水喷洒到作物根部附近的土壤表面，并渗透到秧根，见图2-19。

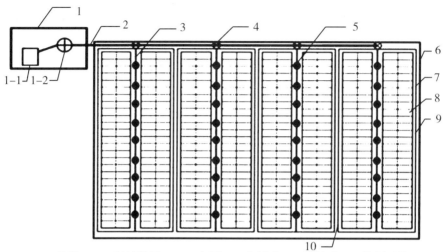

1-首部 1-1-过滤装置 1-2-水泵 2-主管道 3-支管道 4-控制开关
5-微喷头 6-秧池外围 7-管理单元 8-秧盘 9-围沟 10-畦沟

图2-19 微喷灌育秧系统示意

2. 微喷灌设备布局

一种形式，沿秧板纵向布设喷头，间距2.6m，亩用喷头95个左右，选用QS30-36-5.5型潜水电泵（配套动力5.5kW、流量40m³/h、扬程30m）作为动力，可分批灌溉，一次覆盖5亩田，见图2-20。

图2-20 微喷灌育秧系统布设实例

另一种形式，采用N80主管道，通过四通开关连接主管道和微喷带。纵向横摆3张秧盘成为一个畦面，每个畦面之间放置一条微喷带，每个微喷带长40m，作为一个灌溉批次，分批灌溉。

3. 喷灌方法

每天早上、中午喷两次水，注意喷足、喷匀。高温时密切注意秧苗生长状态，发现失水，及时补水。根据腾茬速度及秧龄大小合理调节后期水分，起到控苗作用。秧苗后期，根系穿过秧盘底部小孔较多时，可适当减少浇水次数，不卷叶可不浇水或少浇水。

第三节　插秧机的种类与典型结构

高性能插秧机实现高效、高质、低耗的机械化作业，满足了现代农业生产的要求，体现了水稻高产栽培技术"浅栽、稀植、壮个体、小群体、病虫害少、稳产高产"的特点。水稻插秧机的种类很多，分类的方法也很多，现结合具体的机型介绍插秧机的主要种类与特点。

一、插秧机分类

（一）操作方式

按照操作方式可以分为手扶步进式和乘坐式两种。

（二）作业行数和行距

按照作业行数分类可以分为 2 行、4 行、5 行、6 行、7 行、8 行、9 行、10 行等。典型的行距为 300mm，行数为 2 行、4 行、6 行、8 行，见图 2-21。近几年，因地区、品种和栽插时间的差异，出现了多种行距，如 250mm、200mm、180mm 和 200mm-400mm-200mm 宽窄行等，插秧机的行数也有所变化，衍生出 7 行、9 行的插秧机。

图 2-21　典型的 2 行、4 行、6 行、8 行插秧机

（三）插植臂作业方式

按照插植臂作业方式可以分为曲柄摇杆式和双排回转式（偏心齿轮行星系式）两种，见图2-22。

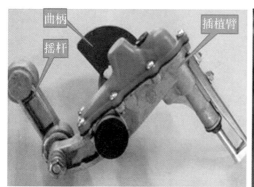

曲柄摇杆式　　　　　　　　　　　　　双排回转式

图2-22　曲柄摇杆式和双排回转式插植臂

（四）栽插秧苗类型

按照不同育秧秧苗类型采用不同的插秧机，主要有毯状苗插秧机、钵体苗摆栽机、钵毯两用型插秧机等。

（五）驱动轮数量

按照驱动轮数量可以分为两轮步进式、四轮乘坐式和独轮式（图2-23）。

图2-23　独轮式插秧机

（六）功能选配

按照插秧机的功能可以分为普通插秧机、钵苗移栽机、侧深施肥插秧机和施肥施药

（除草剂）插秧机，见图2-24、图2-25。

图2-24 水稻钵苗摆栽插秧机

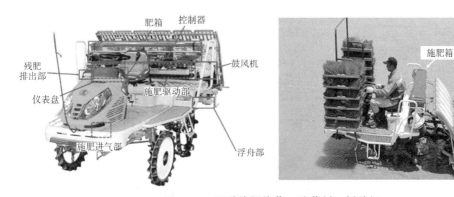

图2-25 两种施肥施药（除草剂）插秧机

二、典型结构

插秧机主要由动力系统、传动系统、送秧机构、插植机构和行走装置等几个部分组成，见图2-26、图2-27。

（一）动力系统

动力系统有汽油发动机和柴油发动机两种。汽油发动机重量轻，同样马力是柴油机重量的1/3，启动方便，相同功率消耗下，油料费用偏高；柴油发电机动力强劲，作业效率较高。手扶步进式插秧机多采用2.6~4.8kW（3.5~6.5马力）风冷四冲程单缸OHV汽油发动机，见图2-28。

乘坐式插秧机多采用水冷四冲程三缸柴油发动机。如16.1kW（21.9马力）的久保田D902-ET02发动机，15.6kW（21.2马力）的洋马3TNM72发动机，13.2kW（18马力）的井关E3112-UP05发动机等，见图2-29。

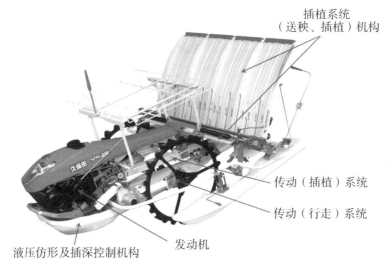

图 2-26　手扶步进式插秧机

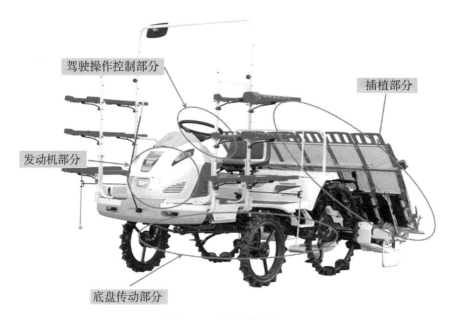

图 2-27　乘坐式插秧机

（二）传动系统

插秧机传动系统由主变速箱、插植变速箱、株距变速箱、侧边传动箱等组成，传动系统将发动机动力传递到各工作部件。动力传递主要有两个方向：传向驱动地轮由万向节传送到插植传动箱；插植传动箱又将动力传递到送秧机构和分插机构。分插机构前级传动配有安全离器，防止秧针取秧卡住，损坏工作部件。传动箱既是传动系统中间环节，又是送秧机构的主要工作部件。

图 2-28 步进式插秧机发动机

图 2-29 两种乘坐式插秧机发动机

（三）送秧机构

插秧机的送秧机构主要分为星轮式和皮带式，一般由插植传动箱驱动。在每次分插机构取秧后，送秧机构带动秧苗移动，填补已取秧位置，为下一次取秧做准备。送秧分横向和纵向两种，每横向取完一排秧苗，纵向送秧一次，将秧苗推向下方，为取下一排秧做准备。横向送秧分为连续式和间歇式。间歇式从理论上讲，切下秧块比较平整，但是间歇式横向送秧振动太大，目前大多已被连续式送秧机构替代。连续式送秧机一般与分插机构同步联动，对于曲柄摇杆式分插机构，曲柄旋转一周，移动一个取秧宽度距离；对于偏心齿轮行星系分插机构，则旋转一周，取秧两次，需移动两个取秧宽度距离。

（四）插植机构

插植机构（或称移栽机构）在插秧机上统称分插机构，是插秧机的主要工作部件之一。目前市场上最常见的分插机构是曲柄摇杆式分插机构和偏心齿轮行星系分插机构（配置高速插秧机上），其插植臂的结构、功能和原理大致相同。取秧前，凸轮使推秧器回收，秧针（秧爪）前部腾出位置取秧，当秧针随同秧苗插入土壤中时，凸轮转到缺口处，压出臂在弹簧作用下，推动推秧器将秧苗推离秧针，直立于土壤中。

1. 曲柄摇杆式插植臂

曲柄摇杆机构主要由曲柄、摇杆和插植臂等组成。曲柄安装在与机架固定铰接的传动轴上，把传动轴的动力传给插植臂。摇杆一端连接插植臂，另一端固定在机架上。插植臂是一连杆体零件，前端安装秧针。由于摇杆的控制作用，插植臂把曲柄的圆周运动变为分插秧的特定的曲线运动，带动秧针完成取秧、运秧、插秧和回程等动作。曲柄摇杆式分插机构的工作过程由曲柄、插植臂、摇杆和机架组成的四连杆机构控制。当曲柄随传动轴旋转时，插植臂被驱使绕传动轴作偏心转动，但其后端又受摇杆的控制，从而使秧针形成特定的运动轨迹，保证秧针以适当的角度进入秧门分取秧苗，并以近似于垂直方向把秧苗插入土中。秧苗入土后，栽植臂中的凸轮卸去对推秧弹簧的压力，使弹簧迅速弹出，推动压出臂，促使推秧器迅速推出秧苗，完成插秧动作，见图2-30。

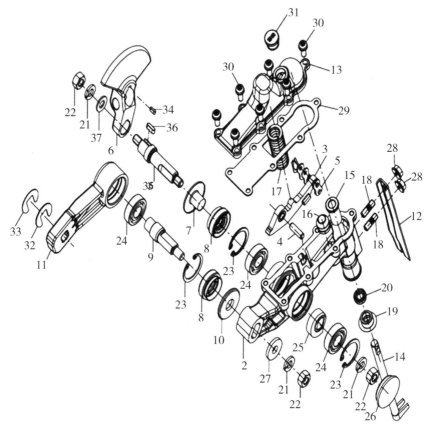

2-插植臂壳体　3-压出臂　6-曲柄　9-摇臂连接轴

11-摇杆　12-秧针　14-推秧器　17-弹簧　25-凸轮　35-曲柄轴

图2-30　曲柄摇杆式插植臂实体分解（仅注释部分关键零件）

曲柄摇杆机构插秧频率一般为200~220r/min，加平衡块后，插秧频率可达250~270r/min。这种分插机构运动平稳、结构简单、密封耐用。其各铰接点均为滚动轴承，以保证转动层灵活和运动轨迹准确。传动轴上安装有牙嵌式安全离合器，在分秧和插秧阻力过大时（如秧针碰到石块等硬物），可以通过牙嵌斜面压缩弹簧自动切断动力，使栽植臂停止工作，起到保护分插机构的安全作用。

2. 偏心齿轮行星系插植臂

偏心齿轮行星系插植臂属于旋转式分插机构，插植臂结构形式与曲柄摇杆式分插机构相近，见图2-31。

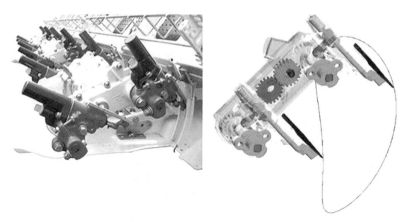

图2-31　偏心齿轮行星系插植臂实体和运动轨迹

行星齿轮箱内共有5个齿轮，半径相同，齿轮Ⅰ为太阳轮，固定不动，对称两边分置两对齿轮。靠近太阳轮的为齿轮Ⅱ，两端齿轮为齿轮Ⅲ，插植臂固定在末端齿轮Ⅲ。行星系架在转动时，齿轮Ⅰ相对行星系架转动，插植臂随齿轮Ⅲ相对凸轮的转动，带动推秧器完成取秧和插秧工作。由于机构旋转一周插秧两次，在中心轴转速降低（比较曲柄摇杆式）的情况下，单位时间插次反而多，而且秧针取秧速度也有所降低，伤秧率降低，取秧精度高，插秧质量好，见图2-32。

图2-32　偏心齿轮行星系齿轮箱分解

（五）行走装置

插秧机的行走装置由行走轮和浮板两部分组成。常用的行走装置（除浮板外）一般分为四轮、二轮和独轮三种，行走轮要具备在泥水中有较好的驱动性，轮圈上附加加力板，轮圈和加力板不易挂泥，具有良好的转向性能。

（六）侧深施肥装置

1. 主要构造

（1）侧深施肥装置。由肥料箱、肥料导管、鼓风机、主离合手柄、送肥拉杆、肥料量调节手柄、施肥量微调手柄、排肥手柄、堵肥与补肥传感器，以及报警器、开沟器、联轴节等组成。肥料箱用于装肥料用，6 行、8 行插秧机可分别可装 60kg、80kg。以 2FC-8（8 行）侧深施肥插秧机为例，见图 2-33。

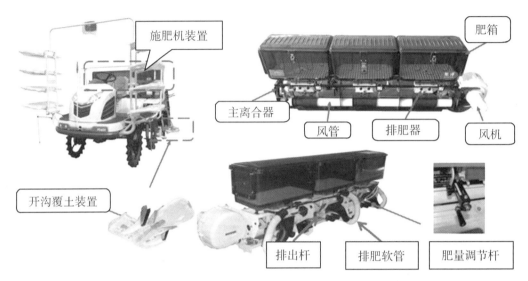

图 2-33　侧深施肥装置整体分解

（2）整地装置。该装置是一种安装在插秧机行走轮后面、插植部前端的二次平地装置，可解决秸秆还田浮茬问题，肥料深施能保证侧深施肥作业质量，见图 2-34。

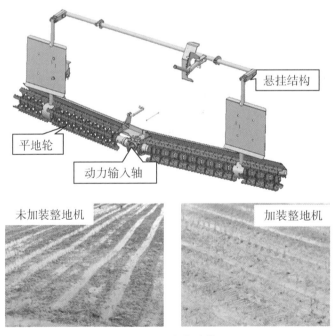

图 2-34　二次整地装置

2. 工作过程

施肥插秧机工作时，联轴节将发动机动力输送到施肥机构，主离合器手柄打开，动力输送到施肥箱下部施肥辊，施肥辊转动将肥料箱内的肥料排出，进入肥料导管向下方输送时，由鼓风机吹出高压空气，强制将肥料吹送往开沟器内，肥料被施入秧苗侧边规定的深度，覆土板将烂泥推入肥沟覆盖肥料。施肥装置通过送肥拉杆、肥料量调节手柄、施肥量微调手柄、分组切断手柄精确控制和调整肥料的使用量，补肥与堵肥传感器和报警装置智能检测施肥状况。施肥结束后，将肥料排出手柄调到"排出"后，打开排肥管子的盖子，就可以将里面的残肥取出，见图 2-35（a）、图 2-35（b）。

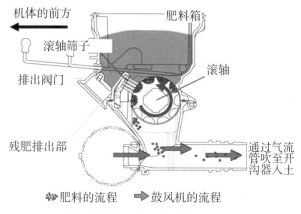

（a）侧深施肥装置排肥作业流程

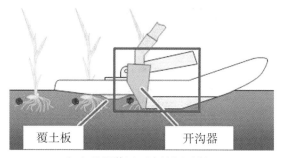

（b）施肥装置开沟施肥过程

图 2-35　施肥装置示意

二次平地装置经底盘通过传动轴进行动力输入，驱动平地轮（辊）转动，对田间的壅泥和秸秆进行旋压，并消除行走轮压痕，保证插植及施肥作业面平整，稳定插秧与施肥深度，同时减少水浪及壅泥对已插秧苗的影响。

3. 施肥装置主要技术参数

肥料种类：粒状化肥。

施肥方式：侧行开沟施肥。

强行埋设施肥位置（mm）：秧苗侧方 45，深度 50。

肥料斗容量（L/kg）：73.5/66。

供肥方式：带槽滚筒式。

供肥量调节方式：把手转动＋杆切换式。

供肥量调节范围（kg/亩）：10～60。

覆土方式：浮舟与覆土板。

三、高性能插秧机特点

（一）水稻群体质量栽培的技术特点

高性能插秧机可以实现定穴、定量、宽行、浅栽精准作业，这种栽培能保证大田基本苗的数量、秧苗浅栽低节位分蘖、宽行通风透光等生长优势，为水稻高产稳产奠定了良好的基础。由于机插水稻具有下列特点：离乳期移栽，根系盘结有植伤，根系伸展期长，蹲苗期长，返青迟2～3d，7～10d基本无生长量，分蘖势强具有暴发性。因此，高性能插秧机的推广应用，更应当科学地体现农机与农艺相融合的技术特点。

1. 选择适宜品种

根据当地温光资源条件及茬口布局，因地制宜选用市场认可度高的优质食味稻米品种。

2. 培育规格化秧苗

高性能插秧机所插的秧苗是通过标准化的育秧规范培育而成的，插秧机所用的秧苗规格基本一致，插秧机就是为这样的秧苗进行精心设计的，所以高性能插秧机的栽插质量要比过去的机插秧质量高得多，能适应现代农业发展的要求。机插秧苗采用塑盘培育，根据移栽期及适宜秧龄（叶龄）精确计算适宜播种期，根据基本苗、种子粒重等精确计算播种量，培育适宜机插的壮秧，一般叶龄3.5叶、秧龄18～20d。

3. 合理确定基本苗

根据秧苗素质、分蘖特性、产量构成等因素，按照基本苗公式计算大田栽插基本苗，合理配置行、株距，确定取秧量。以常规粳稻为例：基本苗1.8万穴/亩，亩栽插8万～10万株，达到35万株左右分蘖，成穗24万株左右，可实现高产稳产。

4. 科学运筹管理

坚持薄水栽插、浅水护苗、活水促蘖、适时搁田、薄水孕穗扬花、灌浆结实期间歇灌溉等水浆管理方法，合理促控群体。根据精确定量栽培原理及机插小苗群体分蘖发生与生长发育特点，精确计算总用氮量及前后期运筹比例，注意氮、磷、钾平衡施用。

（二）机械化插秧的高性能特点

1. 多轮驱动

高性能插秧机的行走底盘与早期机动插秧机不同，高性能插秧机不论是步进式还是高速乘座式，均采用多轮驱动，有别于早期的独轮驱动插秧机，机动性能和水田通过性更好。

2. 液压仿形

高性能插秧机的分体式浮板及液压仿形装置提高了水田作业稳定性，它可以随着大田表面及硬底层的起伏，不断调整机器状态，保证机器平衡和插深一致。同时随着土壤表面因整田方式而造成的土质硬软不同的差异，保持浮板一定的接地压力，避免产生强烈的壅泥起浪而影响已插秧苗，确保了机插质量的稳定，见图2-36。

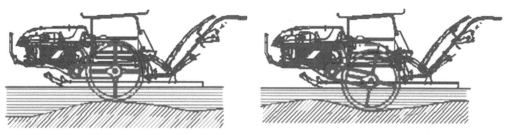

（a）底土层变高，机体下降，插深不变　　　（b）底土层回落，机体上升，插深不变

图2-36 插秧机液压方向作用示意

3. 切块和量化取秧

高性能插秧机取秧是采用切块（抓取秧苗根部的小土块）的原理，它有别于过去插秧机秧针直接抓取秧苗造成叶伤、折伤、切断等伤秧情况。由于插秧机抓取的是带苗的小土块，改变所取小土块的面积，就可以改变所取秧苗的数量。因此，高性能插秧机上配有调整取秧数量的手柄，由纵向送秧与横向送秧手柄配合能提供 8.6~23.8mm² 内 30 个量化的面积和形状，可以方便调整所取秧苗的数量，由机手根据农艺要求进行调节，量化取秧是高性能插秧机的重要特点，见图2-37。

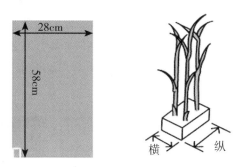

图2-37 秧块和量化取秧的小秧块示意

4. 株距和插深可调

高性能插秧机株距可以多挡调节，如 10mm、12mm、14mm、16mm、18mm、21mm、24mm 等，可以满足不同水稻品种和栽插时间所需要的大田栽插密度。插秧深度也可以多挡调节，标准插秧深度为 5~10mm，每调整一个挡位，插秧深度就会改变6mm。

5. 作业效率高，省工节本增效

乘坐式高速插秧机动力强劲，插秧速度快，每小时可以插 6~9 亩秧田，远远高于人工栽插的效率。

6. 操作方便机动性好

高性能插秧机大量采用高强度铝合金、工程塑料等材料，通过先进的工艺及设备制造而成，整机重量轻，从而保证了机器使用的耐久性与可靠性。机电一体化程度高，操作灵活自如，充分保证了机具的可靠性、适应性和操作灵活性，安全舒适，保养简单，踏板宽敞、空间充裕，实现更舒适的作业。

第四节　插秧机使用与调整

一、乘坐式插秧机的操纵手柄（杆、板）

（一）发动机控制部分

1. 钥匙开关

用于发动机的启动与停止，"停止"位置发动机停止，"运行"位置电器元件开始工作；"启动"位置启动电机转动，见图2-38。

2. 加速杆（手油门）

当杆拉起向"兔"时，油门加大，发动机转速增加，杆前推向"龟"时，发动机转速下降，见图2-39。

3. 油门踏板

主要用于加大油门，以增加发动机转速，配合手油门应用，见图2-40。

4. 风门手柄或熄火拉杆

用以调整汽油发动机主喷口的进风量，在气温低、发动机不易启动时，拉出手柄以便于启动发动机，在启动发动机后，要将此手柄推入。柴油机没有此手柄，增加柴油机强制熄火拉杆，用于柴油机熄火，见图2-41。

图2-38　钥匙开关　　　　图2-39　油门加速手柄　　　　图2-40　油门踏板

5. 燃料开关

用于控制供给或停止燃料，"开"位置燃料可供给发动机；"关"位置燃料不供给发动机；在入库保管时将燃油开关拨至"关"位置，另外要排空燃料箱和化油器中的汽油；机器出厂和运输时，燃料开关放在"关"的位置，见图2-42。

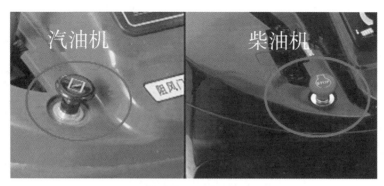

图 2-41 汽油机风门手柄和柴油机熄火拉杆

图 2-42 油水分离器和油料开关

（二）机器操纵部分

1. 主变速杆

用于行进方向与行走速度的切换，乘坐式插秧机可在移动、前进（插植）、补苗（PTO）、后退 5 挡切换。"移动"挡指高速行走在农道上等，在水田内不宜使用。"中立（补苗）"挡指断开底盘车轮的驱动，仅可实现动力输出驱动插秧部。"前进"挡插秧作业、水田内的移动、向卡车装卸、出入水田、低速行驶在农道上时使用。"后退"挡指机身后退时使用。换挡时，要在踩下主离合器踏板后，才能将主变速手柄挂到合适的挡位（否则会打齿），再慢慢松开主离合器踏板，即可前进或后退。改进后的新机型分前进、中立（补苗）、后退 3~4 挡，实现发车、停车和加速、减速实现单手柄操作，减除主离合器装置，见图 2-43。

2. 副变速杆

采用 HST 无级变速装置，通过调整皮带的速比来改变车速。向前推，车速加快，用于道路行驶；向后拉，车速变慢，用于田间作业，见图 2-44。

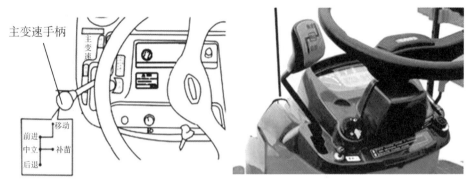

图 2-43　主变速手柄

图 2-44　两种副变速手柄（速度固定手柄）

3. 刹车踏板

用于行走中的停止及停车时，在启动发动机时也要踩下刹车踏板。刹车锁定时，将刹车踏板踩到底，把刹车锁定手柄置于"锁定"位置上后，即挂上了刹车锁止。解除时，只需轻踩刹车踏板，刹车锁定手柄便回至"解除"位置，刹车锁定被解除。人员长时间离开插秧机或将插秧机停靠在斜坡上将此手柄拉下，锁定刹车，保证安全，见图2-45。

4. 液压锁止（载秧台升降）手柄

该手柄用于在移动、检修、入库保管等锁定液压油缸，不让插植部下降。"锁止（关或下降停止）"位置将插植部的升降液压锁住，插植手柄置于"升""降"位置上，插植部不会升降；"开（解除）"位置恢复插植部升降功能。不要在液压锁止手柄"锁止"位置的情况下，将插植手柄置于"升"位置上，此时，变速箱油的温度会上升，甚至导致液压元件损坏。

5. 差速锁

差速锁用于机器在跨越田埂或水田中移动，单只前轮出现打滑，难以行走时，差速锁只对前轮起作用。踩下差速锁踏板前，要将方向盘打直，然后降低车速踩下差速锁踏板，左右前轮被锁定起来，以防止单轮空转引起的打滑，见图2-46。

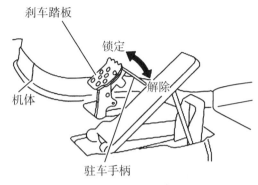

图 2-45　刹车踏板和锁定装置结构

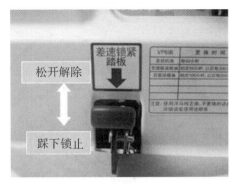

图 2-46　差速锁踏板

6. 防下陷手柄

当田块过于泥泞，导致插秧机速度变慢或停止时，用于从泥泞中脱困。实际上是增加一个低速挡，从而增加扭矩，这样减少下陷的概率，一般在这种状态下不能插秧。

（三）插植工作部分

1. 插植离合器杆

该杆用于插植部分的动力切断与传递，在此同时与插植部分的液压升降和划线杆联动，完成插植部提升与下降。"升"位置用于插植部上升，"中立"位置可将插植部停在任意高度，"降（离）"位置用于插植部下降，插植部停止工作；"插植（合）"位置用于插植部工作；划线杆可操作划线杆，"左"位置可将左侧划线杆放下，"右"位置可将右侧划线杆放下，见图 2-47。

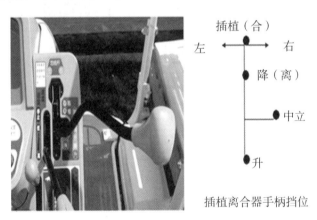

图 2-47　差速锁踏板

2. 液压敏感度调节手柄

该手柄根据田块表土的软硬程度，改变液压传感器的敏感度，由软到硬进行 7 个阶段（1~7）的调节。"软田"侧液压灵敏度提高（敏感），"硬田"侧液压灵敏度降低（钝感）。当地表较硬或插植速度加快时，手柄置于"硬"的位置，可加强浮板平地的能力，保证一定的插深。软土田（浮船积压泥土时）用"1~3"，标准田用"4"，硬田用"5~7"，见图2-48。

图2-48 两种液压感度调节手柄

3. 插植部水平调节（UFO 操作开关）

田间不平使插秧机倾斜或插秧作业中插植部向左或向右倾斜时，使用此开关（自动或手动）可以保证插植部（载秧台）的水平平衡，见图2-49。

图2-49 插植部水平装置和调节示意

4. 株距调节手柄

株距调节手柄分株距主调节手柄（小株距）和副调节手柄（大株距），两者配合使用实现不同的株距变换，见图2-50。挡位手柄调节时，需把主变速手柄放在"中立（PTO）"位置，油门手柄放在低速位置。典型的株距分别为100（110）mm、120mm、140mm、160（170）mm、180mm、210mm、240（250）mm，见表2-3。

表2-3 主副株距调节参数

主副株距调节手柄情况	可调节的行距（mm）			
窄	A 100	B 120	C 140	D 160
宽	E 180	F 210	G 240	

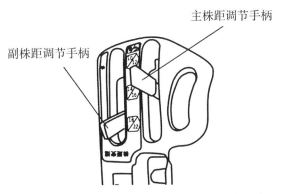

图 2-50　主株距调节和副株距调节手柄结构示意

5. 插植深度调节手柄

调节杆通过杠杆机构，调整浮板与插植部秧针的距离，改变插秧深度，有 7 个位置，"深"侧插植深度变深，"浅"侧插植深度变浅，见图 2-51。

插秧深度补偿自动调节开关。开关处于"ON"位置，踩下变速踏板，用于深水田块高速作业时，自动修正插秧深度。

6. 插植部单元离合器

以相邻两行插植臂为单位，以停止秧苗纵向输送和插植臂驱动，停止相邻两行插秧的手柄，见图 2-52。

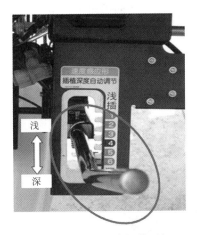

图 2-51　插秧深度调节手柄

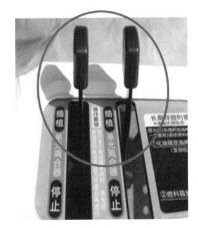

图 2-52　插植部单元离合器

7. 取苗量调节手柄

送秧机构通过纵向和横向取苗量手柄实现横向多次和纵向定量取秧动作，秧针（爪）横向按设定次数（小秧块宽度）切取完一排小块秧苗后，纵向送秧机构通过棘轮机构带动送秧轴间歇传动，送秧轴带动送秧皮带按设定纵向长度向下送秧一次，推动秧块向秧门送秧苗，为切取下一排小秧块做好准备。纵向取苗量调节手柄调节时，要注意和横向取苗量调节手柄的调整相一致。以保证秧针（爪）每次取出的苗形状接近于正方形，见图 2-53。

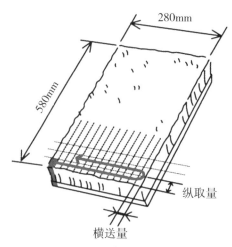

图 2-53 育秧秧块取秧示意

（1）纵向取苗量手柄。纵向取苗量调节的是调整秧箱与秧针的相对位置，从而达到调整纵向取苗量的目的。单穴苗的取量可根据苗的状态分 10（11）挡调节，每挡变化 1mm。"多"侧表示纵向取秧长度变大，最多达 17（18）mm，单穴取秧株数增多，"少"侧表示纵向取秧长度变小，最少达 8mm，单穴取秧株数减少，见图 2-54。

（2）横向取苗次数切换手柄。转动横向取苗次数切换手柄可以改变插植齿轮箱内齿轮的配比，使带动秧箱横向移动的螺旋轴转速发生变化，从而实现横向取秧宽度的变化。横向送秧量可分 3～4 挡进行调节，如 300mm 行距的插秧机：可分 16 次、18 次、20 次、26 次横向取完 280mm 的秧块宽度；250mm 行距的插秧机：可分 13 次、14 次、16 次、20 次横向取完 230mm 的秧块宽度，见图 2-55。

图 2-54 纵向取苗量调节手柄

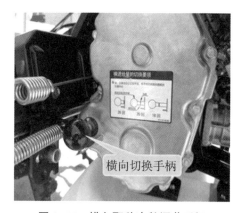

图 2-55 横向取秧次数调节手柄

（四）关于联动机构

1. 钥匙开关与刹车踏板

启动发动机前，要先把刹车锁定手柄置于"锁定"位置上，即挂上刹车锁止；同时确定主变速手柄、插植离合器手柄处于"中立"位置。

2. 插植手柄与主变速手柄联动

如果插植手柄处于"合（插秧）"或"下（降）"位置，把主变速手柄拉置从"中立"拉到"后退"位置时，插植手柄自动回到"升"位置，插植臂升起，插植部停止工作。

3. 副变速手柄与刹车踏板

如果副变速手柄速度被固定在高挡或低挡时，刹车踏板踩下后，手柄自动回位，速度固定解除。

4. 其他

随着自动化程度的提高，部分高性能插秧机可以通过主变速手柄简单关停发动机，并再次启动发动机；也可以将插植离合器手柄的功能集成到主离合器手柄上，实现单手柄操纵；有的还可以实现田间作业到田头转弯和倒退时，插植部自动升起停止插秧，直行开始插秧时自动下降插秧，插植部停止工作，见图 2-56。

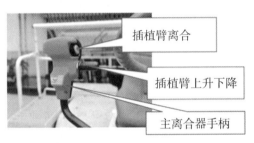

插植臂离合

插植臂上升下降

主离合器手柄

图 2-56　单手柄操作实体

二、乘坐式插秧机的检查调整

（一）发动机部分

使用洁净汽油、轻柴油和机油。机油首次更换时间 20h，以后每 50h 更换一次。机油滤芯首次更换时间为 20h，以后每 200h 更换一次（滤芯安装前在 O 型圈上涂抹机油）。空气滤芯每隔 100h 清扫，每 300h 更换一次，清扫时轻轻敲击拍打或用气泵、气筒从内侧向外吹，把灰尘清扫干净；海绵滤芯每 25h 清扫一次，太脏可用肥皂水清洗后，再用清水洗，并充分干燥后安装。检查保险丝是否损坏，电瓶电力是

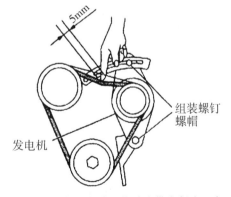

5mm

组装螺钉螺帽

发电机

图 2-57　检查发动机传动皮带张紧度示意

否充足，正负极桩头安装是否牢固和氧化。检查冷却水箱是否装满冷却水；检查发动机的传动皮带张紧度是否异常磨损，张紧弹簧是否起作用，见图 2-57。

（二）插植部分

1. 插植臂注油方法

插植臂油量 25mL（0#钼基黄油或高黏度齿轮油），每天作业前需要确认插植臂内

油量是否足够，不足时需要添加，注油量为 1~15mL，如不及时添加润滑油会导致插植臂内部的运动部件损坏，见图 2-58。

插植臂加油口

图 2-58　插植臂加油口

2. 正常情况下插植部不运转

首先检查株距主变速和副变速手柄是否挂到位，然后检查插植离合器是否起作用，最后检查调节株距手柄是否在挡位上。

株距手柄调整方法：①副变速杆放在"中立（停止）"挡位置，踏刹车踏板启动发动机（变换挡位时，机器一定要在静止状态）；②插植部上升后把解除手柄放固定位置；③插植手柄放到插植的位置，并将主变速杆向前推一点；④变换株距副变速手柄及株距手柄调到相应位置。

3. 相邻插植臂中有一组不工作

先检查插秧离合手柄是否在连接位置，然后检查连接插秧离合手柄和单元离合器的拉线是否过松，起不到控制离合器的作用。

4. 在工作中有一组插植臂不工作并发出"咔咔"的声

首先检查插植臂针（爪）在取苗口是否打到异物，安全离合器是否起作用，如有要将异物取出；其次检查秧针（爪）是否打到抵抗棒或导轨取苗口上，如有要调节插植臂秧针（爪）在取苗口的位置，见图 2-59。

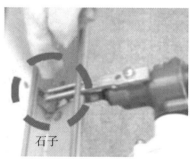
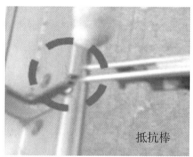

石子　　　　　　　　　　　　　　　　　　　抵抗棒

图 2-59　插植臂两种故障

5. 插植叉不弹出或弹出速度迟钝

检查插植叉轴是否弯曲变形、插植叉是否磨损锈蚀、压出弹簧是否缺油老化损坏、插植臂里是否严重缺油。

6. 秧针（爪）磨损程度和标准取苗量检查调整

用手动转动插植回转箱，插植叉（推杆）处于弹出状态时，秧针（爪）尖端超出插植叉（推杆）的前端（2±1）mm，秧针（爪）磨损尖端比插植叉前端短3mm以上时需要更换。如一种插秧机秧爪安装的标准长度为83mm，使用磨损极限为3mm，达到80mm就要及时更换秧爪，见图2-60。

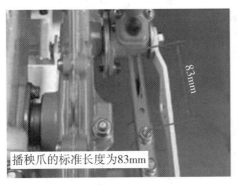
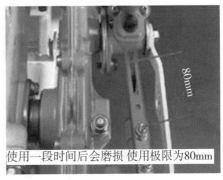

图2-60 插植臂秧针磨损度

插植臂使用过程中或秧针（爪）更换后都要重新校准秧针（爪）纵向取苗量：先启动发动机，升起插植部，将液压锁止手柄置于"关"的位置，插植离合器手柄置于"插秧（合）"的位置，副变速置于"中立（停止）"位置，关停发动机。将纵取苗量调节手柄放置在中间有颜色标记的"取苗量13mm"的标准位置，取苗量规放在导轨上的取苗口位置，然后用手转动插植回转箱直到秧针（爪）碰到取苗量规。松开插植臂的2个M8固定螺栓，用手抬起插植臂，将秧针（爪）轻轻地与取苗量规接触，用螺丝刀调节秧爪高度调节螺钉，使秧针（爪）的前端与取苗量规的"取苗量13mm"标准位置对齐，紧固插植臂的2个紧固螺栓，旋转插植臂，再以同样的要领调节另一个秧针（爪），见图2-61。

7. 取苗口与秧针（爪）间隙检查调整

定期检查秧爪是否在取苗口的中间位置，秧针（爪）的前端如没有左右匀称地对准取苗口，会引起取秧的不良后果，需要进行调整，可以通过调整插植回转箱的位置进行调整。具体步骤：将回转箱的M8调整螺母松到螺栓的端面，轻敲螺栓端面，松开锥形销；秧规装在取苗口，轻轻敲击回转箱，调整秧爪到取苗口的中间位置，可将插秧爪的前端对齐秧规的竖沟，拧紧回转箱的锁紧螺母。组装时注意锥形销安装方向，销上有平面的一面要对准轴上有平面的一面，见图2-62。

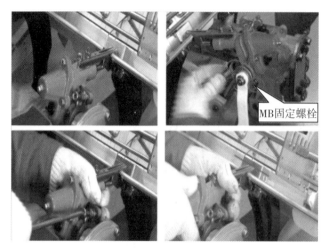

图 2-61　插植臂秧针高度调节流程

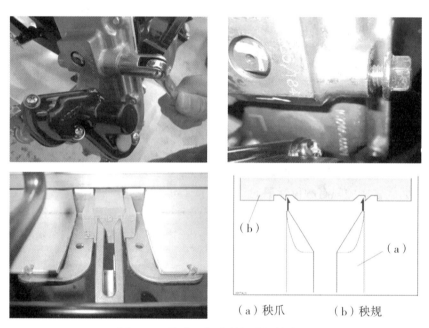

（a）秧爪　　　　（b）秧规

图 2-62　取苗口与秧针间隙调整流程

第五节　插秧机田间作业要点及注意事项

一、机插秧作业方法

（一）进出田块的方法

1. 机器准备

检查冷却水、空气滤清器、油水分离器（沉淀杯），确认燃料和机油足够，钥匙开关置于"运行"的位置。

2. 预设参数

将划线杆从挂钩取下，调整中央标杆和侧边标杆，将载秧台滑动保护杆设置在作业位置。将插植深度调节手柄置于中间标记的位置，土壤软硬液压敏感度置于"标准"位置，纵向取苗量调节手柄置于"中"位置，根据秧苗状态设定横向取苗次数，按照当地要求将株距（穴距）变速手柄置于预定株距的位置。

注意事项：株距手柄难以切换时，先启动发动机，将主变速手柄置于"中立"位置，刹车踏板置于未锁定状态，轻踩变速踏板后再调节。

3. 放秧

插植离合器置于"插植（合）"位置，缓缓将主变速手柄置于"前进"位置，轻踩变速踏板，插植部开始工作，当载秧台移到左端或右端，纵向送秧皮带间歇向下传动时，立即将插植离合器手柄置于"下降（离）"位置，停止插植部驱动，关停发动机。将秧苗放在载秧台和预备苗台上，同时调整苗床压杆和压苗板。

注意事项：秧苗高度与插植姿势关系密不可分，苗床压杆的固定位置可根据秧苗条件进行调节，一般为离开秧苗表面10~15mm的标准，同时要确认苗床压杆是否与载秧台平行。当苗床水分过足时，调节压苗杆间隙可有效防止苗床拱起，保证秧苗栽插姿势，见图2-63。

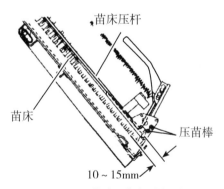

图2-63　苗床压杆标准间隙

4. 进出田块方法

启动发动机，插植手柄置于"上升"位置，将插植部上升后回到"中立"位置，并将液压锁止手柄（载秧台升降开关）置于"锁止（下降停止）"位置，主变速手柄置于"前进"或"后退"位置，油门手柄置于"低速"位置，用低速度进行操作。进入水田后，在平坦的田边停止行驶，将副变速手柄置于"中立（停止）"位置。

注意事项：田埂和水田落差大时，要使用跳板；副变速手柄置于"低挡（田间作业）"；用主变速手柄进行行驶和停止操作，田埂或斜坡的倾斜方向与机器的前进方向保持一致，翻越田埂或斜坡时，如往上行驶应当用后退方式，向下行驶时应当用前进方式，并踩下前轮差速锁定踏板。

（二）试插秧

启动发动机，推动油门手柄，使发动机在中速以上，插植手柄置于"插植"位置，将划线杆倒向栽插行的左侧或右侧，做好栽插准备。将副变速手柄置于"田间作业（低速）"位置，主变速手柄置于"前进"位置，开始试插作业。前进 3~5m 后，将主变速手柄置于"中立"位置，对插秧参数进行必要的确认和调整。

（三）田间作业方法

1. 插秧方法

首先要在田边留出可供机器往返的空间，沿田块长度方向开始插秧，接近田边时，用主变速手柄减速，然后操作插植离合器手柄，升起插植部，接着将方向盘转向将要栽插的行，进行转向，转向时以中央标杆为标记，将划线杆的划线痕与中央标杆的位置对准，使机身保持笔直。将插植离合器置于"插秧"位置，降下插植部，再将划线杆设置在下一行程的插秧侧，操作主变速手柄，提高插秧速度，从下一行程起重复插秧，插完田边的秧苗后从出入口出来。

注意事项：水若过深，划线杆划出的痕迹就不易看清，要把水位降至 10~20mm，也可将侧标杆对准邻行秧苗上方，行距大致保持在 300mm。接近田埂时，请考虑剩余行数，必要时进行行数调整，使最后一行可以满负荷插植。如还剩 10 行时，可在最后行程前一趟，使用插植单元离合器，停止边上两行，最后一趟插满 6 行，见图 2-64。

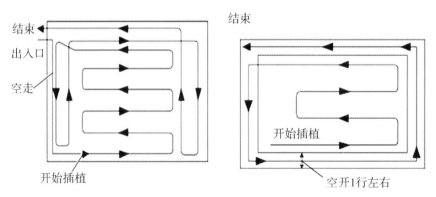

图 2-64 两种插秧路线示意

2. 补苗方法

载秧台秧苗需要补充时，警报器报警，补苗报警灯亮，将脚从变速踏板放开，踩下刹车踏板，将主变速手柄置于"中立（补苗）"位置，升起载秧台进行补苗。补苗后，插植升降手柄置于"插植（合）"的位置后，将主变速手柄置于"前进"位置，踩下变速踏板，机器前进继续插植作业。

注意事项：剩余秧苗取出不要时，要关停发动机，将苗床压杆抬起。将载秧台移至最左端或最右端再补入新苗，这样可使秧爪从苗床最右或最左按顺序取苗。否则，会造成取苗姿势不当或导轨堵塞。

二、机插秧有关参数的确定

（一）穴苗数

1. 标准穴苗数

标准穴苗数是指插秧机每穴应栽插的标准秧苗数，穴苗数由插秧机插植部秧针取秧面积、秧块播种密度来决定的。在实际作业中，我们应通过调整取秧面积，使插秧机栽插的穴苗数尽量符合标准穴苗数。以平均穴苗数 3~5 株为基准的话，插秧机以横向送秧 20 次、纵向送秧 13mm，倒推秧苗平均成苗密度要达到 1.5~3 株/cm²。

2. 平均穴苗数的查定方法

查定时一般采用五点取样法，即在田块中间和四边各选取一个点进行取样，选定区域应分布均匀，离田埂一个作业宽度以上。

随机取 5 个区，每区 1 行 20 穴，数出每穴株数，合计总苗数除以 100 可以得出栽插平均取苗量（穴苗数），看看是否达到预期数量，也可以验证之前的计算是否正确。

（二）株距的确定方法

株距是插秧机影响每亩基本苗的主要变量，应该根据农艺要求确定的基本苗来选用适宜的株距。计算株距需要用到的基本变量是每亩基本苗数和平均穴苗数。

$$每亩栽插穴数 = 每亩基本苗数 / 平均穴苗数$$
$$株距（mm）= 667 / 栽插穴数 / 行距 \times 1\ 000\ 000$$

三、插秧质量控制

（一）在插秧中发生浮苗现象的原因

（1）田间土太硬，液压感度调节手柄没有放到合适的位置。

（2）田间水太深，插秧速度过快，放水并减慢插秧速度。

（3）插植杆插植叉弹出缓慢或不弹出。

（二）苗箱上秧苗下滑不良的解决方法

秧苗床土太干，装秧时在苗箱上洒水；秧苗床土太厚，将压苗器向外调节；秧苗摆放到秧箱要规范到位。

（三）在正常插秧过程中，出现漏插的原因

（1）取苗量太少。

（2）插植臂秧针高度不一致，部分秧爪取苗量很少。

（3）插植臂缺油，插植叉工作不良。

（4）秧苗播种不均匀。

（5）床土太干或太厚，下滑不良。

（6）泥土太黏或田间缺水，夹在秧针上插不下去。

（7）送秧皮带送苗量太小。

（8）抵抗棒位置摆放不正确。

（9）两块苗在秧箱中接口没接好，在取苗口出现堵秧。

（10）秧苗土层太薄，盘根不良，易散苗。

（四）在插秧中出现断苗、折苗的原因

（1）秧苗土层太薄，盘根不良，易拱苗，在取苗口出现堵秧。

（2）抵抗棒位置不正确，调到合适位置。

（3）秧苗太小，秧龄时间短，苗太嫩，容易出现伤秧。

（4）秧针磨损严重。

第三章　机械化播种技术与装备

"种好收一半"是长期生产实践得出的对播种重要性的总结。机械化种肥播施是小麦、玉米生产的一个重要环节，高质量的播种施肥是农业丰收的重要保障。对于秸秆还田的田块，土壤肥力和墒情条件较好，可以采用旋耕灭茬播种法；对于作业地表被秸秆覆盖的田块，也可以用少（免）耕播种法，对小麦、玉米等农作物实施半精量或精量播种，能显著提高播种质量，降低播量，控制基本苗及其分布均匀性，有效减少群体无效分蘖的生成，改善有效茎蘖的光照和营养条件，成穗率高、单株穗大、粒多、籽粒饱满，达到高效高产增收的目的。

第一节　小麦机械化播种技术

小麦是人类最早种植的粮食作物，也是世界上种植面积最广的粮食作物，成为国际主粮之一，又是食品工业的重要原料。中国的小麦栽培历史悠久，汉代开始大面积推广种植，16 世纪明代《天工开物》中提及当时小麦种植已遍及全国，并在粮食生产中占有重要地位。从历史上来看，我国小麦栽培是在不断发展的，尤其是新中国成立后的发展更快，发展速度超过其他各种粮食作物。与 1949 年相比，1979 年小麦产量提高了4.54 倍。机械化播种是通过排种、排肥装置按农艺要求的行距、深度将一定数量的种子、肥料播入土壤的技术，小麦机械化播种已成为小麦种植的主导方式。

一、机械化播种方式

小麦机械化播种方法主要分为 3 种：撒播、条播、穴播。

（一）撒播

1. 概念

将基肥均匀撒施在地表，再均匀撒播种子。撒播种子时可分两次进行，第一次撒播2/3~3/4 的种子，第二次将剩余种子撒完，然后用盖籽机旋耕盖种和镇压。采用撒播栽培技术能使整地、施肥、播种等环节一次完成，省力、高效、争取农时季节，其播种过程简化，机械化程度高，比常规条播栽培省工节本，小麦播种可提前 2~3d 完成。

2. 农艺要求

（1）适用高产、抗逆性强中早熟品种。在品种类型选择上以主茎优势型和冬前一次分蘖高峰型为主，不易造成春季群体过大，容易形成高质量的群体，当播种期相对晚时，选用普通分蘖型品种，适当增加播量，也能获得高产，见图3-1。

图 3-1　撒播麦苗长势

（2）排灌条件好，当小麦播种期干旱时，撒播后必须漫灌才能全苗。撒播栽培用种子量大，秸秆还田田块，播量还要增加，一般每亩需要种子20kg左右，比条播用种量多1倍，其播期没有严格的要求。撒播必须与盖籽机相结合，才能将种子均匀埋入土壤表层，达到省工、省力、节约投资的目的。撒播麦田不能中耕除草时，必须配套化学除草，在除草时，应与防治病虫害相结合。

（3）撒播多用于麦棉套作或稻麦轮作地区，土质黏重、墒情不好、整地难度大时宜撒播，有利于抢时、抢墒、省工，个体分布与单株营养面积较好，但种子入土深浅不一致。整地差时，深、露、丛籽较多，成苗率低，麦苗整齐度差，中后期通风透光差，田间管理不方便抗病能力差，易倒伏。

（二）条播

1. 概念

原始的条播农具，由牲畜牵引，后面有人扶着，可以同时完成开沟和下种两项工作。一次种1垄或多垄，传统的最多达5垄。我国从20世纪中期开始机械化少（免）耕种植技术以来，各地对少（免）耕技术给予了极大的重视，并在积极地试验示范和推广，机条播比用原始木耧所播苗幅宽，效率产量增幅明显，见图3-2。

图 3-2　原始木耧条播农具和现代条播机

机械化条播是在前茬作物收获并将秸秆粉碎后不进行耕翻，让原有的秸秆、残茬覆盖地面上，用免耕条播机免耕刀直接在茬地上进行少耕或局部的松土（碎土），同时规定行间距的开沟器开沟，将一定量的麦种播入条状沟内，碎土覆盖麦种，镇压轮播后镇压，可在播种前或播种后喷洒除草剂及农药。条播落籽均匀，覆土深浅一致，出苗整齐，中后期群体内通风、透光较好，便于机械化生产管理，是适于高产和有利于提高工效的播种方法，高产栽培条件下宜适当加宽行距，增加条幅宽度，有利于通风透光，减轻个体与群体矛盾，见图3-3。

图3-3 条播机条播小麦长势

2. 条播的形式

（1）等行距窄幅条播。行距一般有160mm、200mm、230mm等，这种方式的优点是单株营养面积均匀，能充分利用地力和光照，植株生长健壮整齐，对亩产350kg以下的产量水平较为适宜。

（2）宽幅条播。行距和播幅都较宽，如播幅70mm，行距200~230mm。优点是减少断垄，播幅加宽，种子分布均匀，改善了单株营养条件，有利于通风透光，适于亩产350kg以上的产量水平的麦田使用。

（3）宽窄行条播。各地采用的配置方式有窄行200mm、宽行300mm；窄行170mm、宽行300mm；窄行170mm、宽行330mm等。高产田采用这种方式一般较等行距增产5%~10%。其原因有三：一是株间光照和通风条件得到了改善；二是群体状态比较合理；三是叶面积变幅相对稳定。

（三）穴播

穴播一次性完成入土、成穴、投种、覆土、镇压等工序，每穴可播1粒或数粒种子，分别称单粒精播或多粒穴播。玉米等大颗粒种子采取单粒穴播；谷子、油菜等小颗粒种子，顶土能力弱，必须多粒穴播。小麦穴播也称点播或窝播，北方多采用地膜覆盖穴播技术，一次性完成覆膜、打孔、播种等作业工序，适用于半干旱和高寒阴湿地区，也是一项节水农业新技术。它对整地质量要求高，要求地表必须平整、无土块和竖立硬茬，作业后要求地膜紧贴地面，以达到保墒增湿作用。在亩播量相同的情况下，每穴播种数太多或太少，均不利于个体及群体的协调发展，从每穴总茎蘖数及最终成枝数及产量结构、干物质产量等因素综合考量，株距35mm左右、行距180~200mm，每穴12粒种子，可以实现高产稳产。

二、精少量播种

在地力中等、旱能灌、涝能排条件较好的基础上，实施小麦精少量播种，较好地处理了田间群体与个体的矛盾，使麦田群体适中，动态结构比较合理，改善了群体内光照通风条件，使个体营养良好，发育健壮，无效分蘖减少，提高肥料利用率等，具有增蘖、壮秆、抗病、抗倒伏、促大穗、增粒重的作用。在高水肥地区应用一般可增产5%~20%，同时由于其播种量减少，降低了生产成本，在小麦节本生产中成为一项很有推广价值的技术。

（一）农艺要求

1. 具备良好的水、肥、土等生产条件

土壤肥力是土壤的基本属性和本质特征，包括营养因素养分、水分，环境条件空气、热量。土壤养分包括有机质、全氮、全磷、全钾的储量指标，养分有效状态包括速效磷/全磷、速效钾/全钾等，见表3-1。

高肥力麦田：土壤有机质含量15g/kg以上，速效氮90mg/kg以上，速效磷含量40mg/kg以上，速效钾100mg/kg以上；中肥力麦田：土壤有机质含量10~15g/kg，速效氮60~90mg/kg，速效磷含量20~40mg/kg，速效钾80~100 mg/kg；低肥力麦田：土壤有机质含量<10g/kg，速效氮<60mg/kg，速效磷<20mg/kg，速效钾<80mg/kg。麦田0~20cm土层土壤肥力为中等肥力田，其他水、土条件良好，基础亩产量在300~400kg之间的麦田，才可实行精播，亩产可达500~600kg。土壤肥力较低，水肥土条件较差的麦田不宜实行精播。

表3-1　土壤养分评价分级标准

项目	级别评价					
	1 极高	2 高	3 中上	4 中	5 低	6 极低
有机质（g/kg土）	>40	30~40	20~30	10~20	6.0~10	<6
全氮（g/kg土）	>2	1.5~2	1.0~1.5	0.75~1	0.5~0.75	<0.5
碱解氮（mg/kg土）	>150	120~150	90~120	60~90	30~60	<30
全磷（g/kg土）	>2	1.5~2	1.0~1.5	0.75~1	0.5~0.75	<0.5
速效磷（mg/kg土）	>40	20~40	10~20	5~10	3~5	<3
全钾（g/kg土）	>20	15~20	10~15	5~10	3~5	<3
速效钾（mg/kg土）	>200	150~200	100~150	50~100	30~50	<30

2. 秸秆还田地块耕深要达到150mm以上

应将前茬碎秸秆全部拌均掩埋到土中，保证不影响播种，耕后地表平整度小于30mm。播种时地温应保持在16~18℃，土壤含水率13%左右（碎土抓起手握成团，距离地面1m，土团落下即散）。

干旱季节和秸秆还田时应加大播后镇压力度。冬前适度镇压的原则：干压湿不压。

压大苗不压小苗、盐碱地不镇压，确保苗根与土壤紧密接触，提高保墒防冻能力。湿土镇压会造成土壤板结，麦苗易成小老苗；有露水时镇压会使得茎叶与湿土黏合，影响小苗生长；地温过低，土壤结冰时镇压，会使小苗挫伤加剧冻害的发生，因此要提倡冬前镇压。

3. 选用适宜的小麦良种

选用单株生产能力高、抗倒伏、大穗大粒、株型紧凑、光合能力强、经济系数高、早熟、抗病抗逆性好的品种，有利于精播高产。小麦的发芽率达到90%以上，使用包衣种子或在播前药剂浸种，以防病虫害。

4. 适期播种和合理控制播种量

早播迟播会显著影响小麦产量，播量太大，个体发育不良，大量分蘖不能成穗，成为无效分蘖，即使成穗，穗粒数明显减少，产量也不能提高，所以要精确控制播种量。一般高产田块播量6~8kg/亩，中产田块播量9~10kg/亩；低产田播量12kg/亩左右。精量播种播量应控制在6~8kg/亩，亩基本苗8万~10万株。由于土壤类型不同带来失墒、漏墒的情况存在差异，播种时要充分考虑调整播量。

5. 田间管理

遵循"冬前促，返青控，拔节、孕穗增粒重"的原则，冬前促根增蘖育壮苗，形成足够的壮苗；返青松土保墒提地温，以巩固冬前大分蘖，抑制春季小分蘖的滋生；起身拔节肥水重促，保穗数，促大穗；抽穗到成熟防止贪青、早衰，调节土壤水分状态和碳氮营养，保持较大的功能叶面积系数和较强的光合能力，促进光合产物向籽粒转运，提高经济产量。

（二）精少量播种的技术特征

1. 节本增效

小麦精少量播种比常量播种一般可节省种量5~7kg/亩，通过复式作业机在前茬未耕地作业，一次完成灭茬、开沟、施肥、播种、覆土、镇压等多道工序，减少机械对土壤的碾压破坏，省工省时，节肥节油，改善土壤结构，提高土壤肥力，保护生态环境。

2. 精准作业

首先要精确控制播种量，投种准确，种子在行内均匀分布，无重播漏播，播深一致，覆土均匀，播后镇压，播种接幅间距最大不超过50mm。

3. 宽行种植

常量播种的小麦行距150~200mm，精量播种行距宜在200~250mm，提倡使用旋（免）耕施肥播种机进行宽行播种，应用种肥同施。

4. 适宜的播深

播后盖种镇压，以不露种为宜。一般播深20~30mm，水分不足时加深至30~40mm，沙壤土可稍深，但不宜超过50mm。

5. 侧位深施的种肥

肥料应施在种子侧下方25~40mm处，肥带宽度大于30mm。正位深施的种肥应在种床正下方，肥、种的隔层应大于30mm，肥带宽度略大于播幅宽度，肥条均匀连续，无明显断条和漏施。

6. 高性能

"一大两小一增"，"一大"即加大播种行距，由 150～180mm 增大到 220～230mm（地力较差的取下限，地力好的取上限）；"两小"即减小排种舌与排种轮的间隙，以消除机器振动对播种均匀性的影响，同时减小排种轮的有效工作长度，以降低播量，达到精播要求的范围；"一增"即增加排种轮的转速，提高投种频率，以达到排种均匀的目的。近年来，精密播种机的自动监测系统，能自动监测播种机漏播、堵塞等工况，并根据播种机前进速度信号，实现对排种、排肥量的自动控制和报警。

第二节　玉米机械化播种技术

玉米是第三大粮食作物，过去部分地区玉米改种水稻，玉米种植面积有所下降，但正在得到恢复。当前玉米生产耕整地、播种和收获后秸秆粉碎还田机械化程度提高较快，机具的可靠性和适应性较好。玉米精量播种机械化技术，是指用精量播种机械将玉米种子按农艺要求的播量、行距、株距、深度精确播入土壤的技术。

一、播种形式

玉米播种分为春玉米的直播和夏玉米的麦田套播、麦收后直播三种形式，适用于套播和直播两种机械化技术。

（一）直播

以夏玉米为例，玉米直播可在麦收前浇足"麦黄水"，麦收后整地抢墒播种。来不及整地，可在麦收后贴茬直播。玉米贴茬机播是指在小麦收获之后，不经过耕地、整地，直接采用防堵和防缠绕性能好的玉米贴茬播种机，一次完成破茬、开沟、施肥、播种、覆土和镇压作业。玉米出苗后再进行中耕灭茬，机械化播种可以较好地满足播种质量方面的要求。麦收后利用机械一次进地就可完成播种作业，而且可以实现麦秸还田覆盖，减少土壤水分蒸发，增加土壤有机质，提高土壤肥力，促进玉米高产。和麦垄套种玉米相比，麦后直播玉米有劳动强度小、省工易操作、可以一播全苗、苗齐苗壮、病虫害发生轻、便于管理、产量高等诸多优点。近几年来，多地积极推广玉米免耕深松多层施肥播种技术，省去多道单独作业环节，一次完成深松、施肥、播种、镇压等多道工序，有效减少农业生产环节，降低农机作业成本，做到省时、省力、省工。

1. 深松直播的好处

一是抗旱保墒能力增强。采用玉米免耕深松全层施肥播种，能打破犁底层，增强土壤贮水能力。二是增加土壤有机质含量，减少了化肥使用量，提高农作物品质。实施玉米免耕深松全层施肥播种作业，不打乱土层结构，利于有益微生物存活。小麦地下根腐烂后，增加土壤有机质含量，并形成土壤小孔，增加土壤透气性。连续实施可使土壤有机质增加，地表土层松软，可减少化肥的使用量，生产出品质更好的农产品。三是抗倒伏能力增强。由于玉米免耕深松全层施肥播种的玉米根苗粗壮，具有很强的抗倒伏能力。四是提高经济效益。据调查统计核算，通过实施该项技术，可节省机械作业费用30～40 元/亩，节约化肥约20kg/亩，节约灌溉用水15%，每亩节本增效总值约200 元左右，见图 3-4。

图 3-4　玉米深松施肥播种机板茬直播作业

2. 复式作业技术推广的必要性

（1）多年的旋耕作业，适宜农作物生长层仅为 120mm 左右，犁底层坚硬、土壤肥力下降、土壤蓄水能力下降，造成耕地不抗干旱、不抗涝，主要依靠大量施用化肥等措施来提高粮食产量已不符合绿色生态发展要求。

（2）随着现代化的进程的加快，农村土地规模经营比例增高，及城镇化、工业化进程的提升，农村青壮年劳动力逐年减少，依靠人力精耕细作、增加劳动力投入来增加产量也不现实。

（3）玉米的根系最长达到 1 800mm，0~400mm 范围内根系占总数的 55%。深松技术就是利用深松铲深松耕地 300mm 左右，打破犁底层，减少土表水径流，提高土壤蓄水能力，使根系充分生长，提高玉米抗倒伏能力，也就是说根深能叶茂，光合作用强能增产。

（4）底部施肥避免了肥料挥发和地表径流造成的流失，而且肥料多层深施可以增加施肥量、不烧苗，提高了化肥利用率。

（二）麦垄间套种玉米

小麦垄套种夏玉米之所以高产高效，主要是充分地利用了光、热和降水等自然资源，解决了夏玉米生产中的"四大矛盾"，满足了"四大要求"。

1. 优点

（1）有利于玉米生育期光热的要求，解决了夏直播玉米生育期短、积温不足的矛盾，满足了玉米高产对生育期和光热的要求。

（2）有利于玉米生育阶段需温的要求，解决了玉米生育期需要高温期与自然高温期不相遇的矛盾，满足了玉米各生育阶段需温的要求。垄套玉米提前套种，苗期在较低温度下渡过，利于壮苗，到抽穗开花期需要高温期与自然高温期相吻合，满足高温要求，灌浆期自然温度相对降低，利于灌浆。

（3）有利于玉米生育阶段要求，解决了"芽涝"或"苗涝"的矛盾，满足了玉米阶段需水的要求。有些地区 6 月底就进入雨汛期，夏直播玉米往往造成"芽涝"或"苗涝"减产。垄套夏玉米提前 20d 左右播种，到雨汛期已进入需水较多的拔节期，不仅避免了"芽涝"或"苗涝"的危害，而且满足了玉米生育阶段需水日益增长的要求。

（4）有利于玉米通风透光的要求，解决了群体布局不合理的矛盾，满足了单株一定营养面积、通风透光的要求。垄套夏玉米是等行套种，平均行距 600~670mm，株距 200mm，每亩种植 4 500~5 500 株，既保证了紧凑型玉米对高产密度的要求，又确保个体发育健壮。

2. 缺点

（1）套种难度加大。以前小麦产量为 300~400kg 时，麦垄稀疏，容易套种，现在小麦产量普遍为 500kg 以上，垄厚麦稠，行间狭小，不易套种点播，如强行套种，则会践踏小麦，造成小麦减产。

（2）麦套玉米难以保证苗齐苗壮。由于麦苗拥挤，造成麦套玉米播种质量难以保证，致使出苗不齐。出苗后由于小麦遮光，玉米细弱黄瘦，难以形成粗壮的幼苗，后期易倒伏减产。加上麦收时碾压践踏，毁苗伤苗严重，易造成玉米缺苗断垄，生长良莠不齐。

（3）麦套玉米病虫害严重。麦套玉米由于生长在麦苗、麦茬中间，色黄秆细，易受病虫侵害，加上较高麦茬的遮挡，不易彻底杀灭病虫害，致使近几年麦套玉米田粗缩病、小斑病、矮花叶病、玉米螟、地老虎等病虫害严重发生。据粗略对比估算，麦垄套种玉米比麦后机播玉米的病虫害发生率高 20%。

二、农艺要求

通过精选种子、适当增加播量、播种深浅适宜和适合的墒情等条件，来保证玉米播种后实现苗全、苗齐、苗匀、苗壮，见图 3-5。

图 3-5　机械化播种玉米长势

1. 种子处理

精量播种必须选用高质量的种子进行精选处理，要求处理后的种子纯度达到 96%

以上，净度达到98%以上，发芽率达到95%以上。播种前，应针对当地各处病虫害实际发生的程度，选择相应防治药剂进行拌种或包衣处理。特别是玉米黑穗病、苗枯病等土传病害和地下害虫严重发生地区，必须在播种前做好病虫害预防处理。

2. 适时播种

适时播种是保证出苗整齐度的重要措施，当地温在8~12℃，土壤含水量14%左右时，即可进行播种。合理的种植密度是提高单位面积产量的重要因素之一，各地应按照当地的玉米品种特性，选定合适的播量，保证亩株数符合农艺要求。如江苏气候条件，苏中及沿海春玉米播期一般为3月下旬至4月5日，保证玉米在5月初进入拔节期，减轻5月中旬至6月上旬飞虱高峰虫量的危害；淮北夏玉米播期适当推迟，一般在麦收腾茬后7d，通常于6月18—25日播种，避开麦收后，大量飞虱对玉米幼苗危害而发生玉米粗缩病。

3. 严把播种质量关

玉米基本上是独秆单穗作物，播种质量不好常常会造成缺苗和大小苗，提高播种质量对于实现玉米的高产至关重要。玉米机械化生产提倡"七分种、三分管"，争取实现一播"苗全、苗齐、苗匀、苗壮"。

4. 带足种肥

玉米种肥一般与机械化播种作业相配套，种肥侧向深施，种肥间距50mm以上，肥料深度80~100mm，且肥条均匀连续；施用含量为45%（N－P－K：15%－15%－15%）的复合肥30~45kg/亩。

5. 适墒保墒

玉米播种常因降水不足，影响适期播种。在无水浇条件的地区，不论直播或套播玉米，都要做好抢墒播种准备，一旦在适宜期间降雨，就抓紧时间，集中抢。对于土壤干旱特别严重时，应造墒播种。根据水源及旱情，可采用播前开沟，顺沟浇水，清水浸泡种子，种子上覆盖湿润、腐熟的有机肥，然后盖土；或者按玉米行距开沟，浇水后播种。对于黏土地，在麦收前应适时浇好"送老水"，使麦收后播种玉米时有足够的底墒；对于壤土或偏沙地块，可在麦收播种玉米后及时浇"蒙头水"，促使玉米迅速出苗。

6. 喷施除草剂

玉米播种后要趁墒及时喷施除草剂，杀灭田间杂草，保证玉米出苗后有一个良好的生长环境。草害防治主要在播后苗前"封杀"除草，采用播后芽前型除草剂的效果较好，同时在土壤湿润时化除效果最好。常用的播后苗前除草剂种类及每亩用量：45%阿特拉津（莠去津）胶悬剂150~200mL，72%都尔（异丙甲草胺）乳油100~200mL，48%甲草胺乳油250~400mL，50%乙草胺乳油150~200mL。

7. 间苗定苗

3~5叶期间除丛籽苗，拔节期定苗到适宜密度，开花期拔除小株，控制空秆发生，改善群体通风透光条件。

8. 中耕施肥

在玉米拔节或小喇叭口期，采用高地隙中耕施肥机具或轻小型田间管理机械，进行中耕追肥。追肥作业应无明显伤根，伤苗率<3%，追肥深度60~100mm，追肥部位在植株行侧100~200mm，肥带宽度>30mm，无明显断条，施肥后覆土严密。施用量以尿素每亩30~40kg为宜。

9. 重防玉米螟

大喇叭口期是有效防治玉米螟的关键时期，运用高效低毒低残留农药，药液超低量喷雾和颗粒剂灌心防治效果较好。采用高地隙喷药机械或航空植保机械进行机械化植保作业，可采用菊酯类药剂进行喷雾，要提高喷施药剂的精准性和利用率，严防药液飘移、人畜中毒、作物药害和农产品农药残留超标。

三、精少量播种

1. 节本增效

采用精量播种机一次作业完成开沟、施肥、播种、覆土和镇压等多项作业，减少作业工序，有效降低作业成本，大幅度提高作业效率。精量播种实现标准化种植，利于机械化田间管理和收获作业；播种质量好，出苗整齐；节省种子，减少间苗作业。

2. 合理的行距

随着玉米播种机的推广，玉米种植行距的调节和控制有了保障，减少了人工点播所造成的行距大小不一的随意性。玉米行距的调节要考虑当地种植规格和管理需要，还要考虑玉米联合收获机的适应行距要求，如一般的背负式玉米联合收获机所要求的种植行距为550~750mm。黄淮海玉米种植区建议采用600mm等行距种植方式，以利于玉米生长期间进行追肥、病虫害防治、中耕除草等作业，提高群体通透性，降低病虫害的发生，可提高机械化作业效率，减少收获损失。采取麦田套播玉米种植方式，前茬小麦种植时应考虑对应玉米种植行距的需求。

3. 精量播种

机械化精量播种，可有效减少用种量，玉米贴茬播种技术要求播种量一般为2.5~3kg/亩，与传统条播穴播相比，亩用种量可减少1~1.5kg，同时可省去间苗、补苗环节，减少劳动力消耗，达到苗齐苗壮，单产增加5%~8%，能取得良好的经济效益和生态效益。

4. 适宜的深度

机械化播种深度是一个关键的质量指标，深度适宜，覆土均匀，有利于苗全、苗壮、苗齐，玉米播种深度主要根据土壤墒情和土壤质地来决定。一般土壤墒情好的地块，播深以40~50mm为宜。黏土或土壤过湿时，播深宜浅，以30~40mm为好。底墒不足，特别是沙土、沙壤土以及麦田套种玉米播种深度应增加到60~70mm。播种深浅应保持一致，提高群体整齐度。

5. 质量指标

每穴1~2粒，精量播种单粒率≥85%，空穴率<5%，伤种率≤1.5%；播深或覆土深度一般为30~50mm，误差不大于10mm；株距合格率≥80%；苗带直线性好，种子左右偏差不大于40mm，以便于田间管理。播种时要严格控制播种机作业速度，做到"行距一致、深浅一致"，避免漏播和重播。

第三节　机械化播种装备及技术要求

随着播种技术的发展，播种方式、播种机具也在不断发生变化，从原始种植方式，经过了人工撒播、机条播、穴播到精密播种，在不同阶段先后研发制造出结构形式繁多的撒播机、条播机、穴播机、精量播种机，以及多功能智能化复式作业机等。机械化播种装备按作物种植模式可分为撒播机、条播机和点（穴）播机；按作物品种类型可分为谷物播种机、棉花播种机、牧草播种机、蔬菜播种机；按牵引动力可分为畜力播种机、机引播种机、悬挂播种机、半悬挂播种机；按排种原理可分为机械排式播种机、离心播种机、气力播种机；按作业模式可分为施肥播种机、旋耕播种机、铺膜播种机、通用联合播种机等；按作业行数分为 2 行、4 行、6 行、8 行、10 行、12 行等多种行距。随着农业栽培技术、作物技术、机电一体化技术的发展，又出现了智能精量播种、多功能联合作业等新型播种机。

一、机械化播种装备

（一）撒播机

撒播机属于一种使撒出的种子在待播地块上均匀分布的播种机，也可用于肥料的抛撒。常见的机型为离心式撒播机，主要由种子肥料箱、种子肥料箱架、拖拉机挂接装置、种肥量调节装置、抛撒齿盘、抛撒齿盘驱动装置等构成，见图 3-6。抛撒齿盘驱动装置通过万向节和拖拉机动力输出轴联接或由拖拉机蓄电池供电驱动直流电动机，从种（肥）料箱底部排出的种（肥）料，自由落入抛撒齿盘，在齿板高速旋转的在离心力作用下，种（肥）料从齿盘切线抛出，完成撒种（肥）过程。抛撒口有左、中、右 3 个，抛撒宽度可调整，工作幅宽一般可达为 8~12m；锥形的塑料斗容量大，有 200L、400L、500L、750L 等。其特点是生产率高，每小时可撒 60~90 亩，相当于人工的 20 多倍，有利于抢农时，使下茬作物能适时播种，而且省工省节本，缓解了农忙季节劳力紧张的问题。

图 3-6　撒种（肥）机

（二）条播机

条播机用于谷物、蔬菜、牧草等小粒种子的机械化播种作业，通过排种器成条状把种子播入土中，出苗后作物成平行等距条行的播种机。谷物条播机一般由机架、牵引或悬挂装置、种子箱、排种器、传动装置、输种管、开沟器、划行器、行走轮和覆土镇压装置等组成。其中排种装置和开沟器是影响播种质量的主要因素。作业时，由行走地轮、电机或旋耕机齿轮箱转动通过变速机构带动排种轮旋转，自种子箱内的种子按设定的播种量排入输种管，并经开沟器落入开好的沟槽内，然后由覆土镇压装置将种子覆盖压实。

1. 施肥播种机

施肥播种机可以单独挂接拖拉机作为播种（施肥）使用，在新耕整后的土壤中进行施肥播种作业时，还应处理好土壤被拖拉机轮胎所压印痕的覆土问题。也可以与旋耕机联合作为复式旋耕（施肥）播种使用，一次性可完成旋耕、碎土、灭茬、施肥、播种、覆土和镇压等复合作业。以 2BF-14 型施肥播种机为例，见图 3-7。其主要技术参数为：播种行数 14 行，施肥行数 7 行，作业幅宽 2 145mm，行距 160~170mm，播种深度 20~50mm，施肥深度种下 50mm，排种器和排肥器均为外槽轮式，生产率为 5~13 亩/h，配套动力 36.8~51.5kW（50~70 马力）。

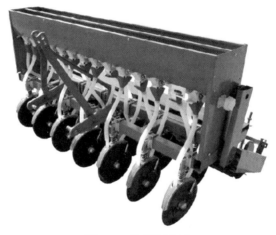

图 3-7　施肥播种机

2. 旋耕施肥播种机

旋耕施肥播种机是一种在旋耕机基础上嫁接施肥播种机的复式施肥播种机具。旋耕施肥播种机的刀轴刀片将土壤切削后，高速抛向机罩进一步被碰撞破碎，齿轮箱、行进中的镇压辊或直流电机驱动排种器和排肥器转动，排出的种子、肥料经过种管、肥管、开沟器按照规定的农艺要求导入土层里，并被散落下的碎土覆盖，从而一次性满足耕整地、灭茬、播种、施肥、覆土、镇压等多项农艺要求，实现复式作业。经排肥器排出的肥料也可以采用通过导肥槽均匀撒布于旋耕机刀辊前方，再经旋耕后均匀混入土层，从而彻底实现种肥分施。这种机型施肥播种部分和旋耕机部分拆装方便，既可以完成复式作业，又可以独立实现旋耕或施肥播种作业。

（1）正转还田施肥播种复式作业机械。通过拖拉机动力输出轴由万向节将动力传递到施播机中间箱体小锥齿轮并通过大锥齿轮和平齿轮，将动力传递到刀轴，刀轴上装有埋茬刀，由于该埋茬刀线速度相当高，它能将挖出的土和碎秸秆（秸秆切断长150mm左右）高速向后抛去，由三块分土板控制土块落下的距离和起碎土的作用。由于秸秆和碎土高速向后抛出，秸秆质量轻，近距离先落下，土块质量重，远距离落下，当拖拉机前进时，土块就不断地覆盖在秸秆上，达到覆埋秸秆的目的。同时，由大锥齿轮轴将另一部分动力传递到小减速箱中，通过离合器将动力传递到施肥轴和播种轴上，使两轴分别旋转，达到施肥和播种的目的，见图3-8。

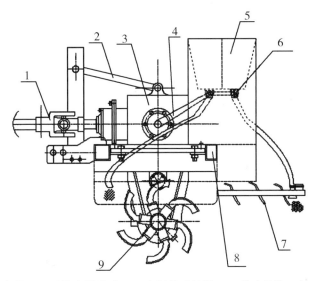

1-万向节　2-悬挂支撑总成　3-中间传动箱体　4-传动机构（链传动）
5-施肥播种箱总成　6-播种器　7-分土板　8-机架　9-刀轴总成

图3-8　正转秸秆还田施肥播种复式作业机

以2BFG-14小麦旋耕施肥播种机为例，见图3-9。其主要技术参数为：耕深100～160mm，种/肥箱容积126L/137L，播种量10～30kg/亩，施肥量10～60kg/亩，播种行数14行，施肥行数6～7行，旋耕作业幅宽2 300mm，播种行距150mm，播种深度20～50mm，排种器和排肥器均为外槽轮式，开沟器为双圆盘式（湿烂田块不用开沟器可完成匀播作业），生产率为6～15亩/h，配套动力47.8～58.8kW（65～80马力）。

（2）反转秸秆还田施肥播种复式作业机具。由拖拉机动力输出轴通过万向节将动力传递到中间箱体，通过中间箱体的一对锥齿轮将动力传递到侧边箱体，通过侧边箱体，将动力传递到刀轴，使刀轴实行反转。由于刀轴的反转，使泥块和秸秆有3/4圆周的拌和空间（正旋只有1/4拌和空间），可以使泥土和秸秆充分拌和，当泥土和秸秆向后抛出时，又由于栅栏的作用，秸秆受栅栏阻挡先落下，泥土从栅栏缝中抛出后落下，又达到了覆盖秸秆的目的，所以刀轴反转，覆埋秸秆的效果比较好。同理，由侧边箱体的齿轮轴将动力输出到离合器，通过离合器将动力输出到链轮，从而带动施肥轴和播种轴旋转，达到施肥和播种的目的，见图3-10。

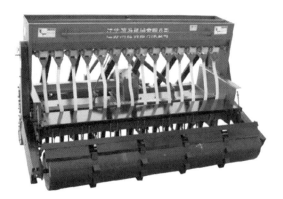

图 3-9　旋耕施肥播种机

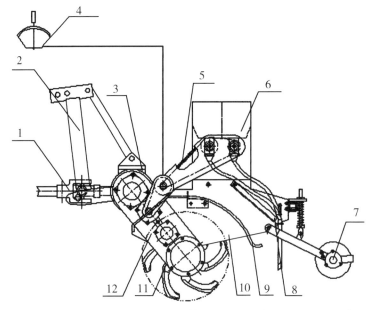

1-万向节总成　2-悬挂支撑总成　3-动力箱体总成　4-离合器手柄　5-链传动机构总成
6-施肥播种机构总成　7-镇压轮机构总成　8-后挡板　9-栅栏　10-侧板
11-刀轴总成　12-侧边箱体总成

图 3-10　反转秸秆还田施肥播种复式作业机结构示意

3. 埋茬施肥播种开沟复式作业机

以 2BFGK-12（12）（230）埋茬施肥播种开沟复式作业机为例，见图 3-11。该机与大中型拖拉机配套，一次作业，能够同时完成旋耕碎土、埋茬还田、开沟、施肥、播种和镇压等多道工序，具有省工节本增效等优点。其主要技术参数为：旋耕深度 80～100mm，开沟深度 180～250mm，沟间距 2.3/4.6m，播种量 5～25kg/亩，施肥量 20～60kg/亩，种箱容积 160L，肥箱容积 240L，播种行数 12 行，施肥行数 12 行，旋耕作业幅宽 2 300mm，播种行距 150mm，播种深度 10～50mm，排种器和排肥器均为外槽轮式，机组前进速度为 3～4km/h，配套动力 51.5～73.5kW（70～100 马力）。

图 3-11　埋茬施肥播种开沟复式作业机

（三）穴播机

穴播机是一种以精确的株行距和穴粒数用于作物穴播或单粒精密点播的机械，具有节省种子，免除出苗后的间苗作业，使每株作物的营养面积均匀等优点。穴播机分单粒穴播和多粒穴播。排种器穴排作业时，排种器将几粒种子成簇地间隔排出，而单粒精密播种时，则以一定的时间间隔排出。单粒种子玉米、大豆、花生等大颗粒种子采取单粒穴播，谷子、高粱、油菜、苜蓿等小颗粒种子，顶土能力弱，适用多粒穴播。针对中耕作物行距较宽且需调整的特点，穴播机常采用单体形式，每一个播种单体包括一整套工作部件，能完成开沟、排种、覆土、镇压等整个作业过程。多个单体按所需行距装在同一横梁上，即构成不同行数和工作幅宽的穴播机，与不同功率等级的拖拉机配套。精量播种机是在穴播机的基础上改进而成，一是排种器形式，如排种器上型孔、指夹、勺轮的形状和尺寸，使其只接受一粒种子，二是将排种器与开沟器直接连接或置于开沟器内，以降低投种高度，控制种子下落速度，避免种子弹跳影响播种精度。以下详细介绍勺轮式玉米精密播种机，见图 3-12。

图 3-12　4 行玉米精密播种机

1. 播种系统

每一组播种单体主要由机架、传动机构、播种总成、开沟器、地轮、覆土器等组成，各播种总成通过联轴节连接和拆分。防缠绕开沟器通过"U"形丝和方板固定在机架前梁上，播种总成安装于机架后梁。每一台播种机配一个主播种总成，在播种总成的短轴管上装变速箱，传动轴通过链条将各播种总成和变速箱连成一体，见图3-13。

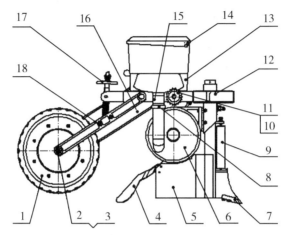

1-地轮　2-地轮轴　3-耐磨套　4-覆土器　5-开沟器　6-排种器　7-铲尖
8-输种管接头　9-防缠辊　10-链轮　11-连接盘　12-支架　13-种箱
14-种箱盖　15-输种管　16-链盒　17-限深机构　18-拉杆

图3-13　播种总成单体结构示意

2. 功能特点

采用勺轮式排种器单粒精密播种，整机各行株距共用一个变速器调整，方便快捷，准确可靠。肥箱内设有筛网，肥料经过筛网后进入排肥器，以防结块肥料堵塞或卡住排肥器，影响排肥质量。开沟器立柱前面设有防壅堵防缠绕装置，能很好地避免壅堵和缠绕，从而提高作业质量和作业效率。每个驱动地轮经超越离合器后共同驱动排种排肥中间轴，避免了因某个驱动地轮打滑而影响排种排肥质量，因传动系统中设置了超越离合器，可有效避免不慎倒退而引起的传动系统损坏及影响排种排肥质量。单行排种传动系统中设有离合器，使机手操控播种机更方便，尤其是播种到地边还剩一行或两行时，也能很好地进行播种。

3. 玉米精密播种机主要技术参数（表3-2）

表3-2　玉米精密播种机主要技术参数

项　目	参　数		
	2BYSF-2	2BYSF-3	2BYSF-4
配套动力 (kW) (马力)	8.8~13.2 (12~18)	11~18.3 (15~25)	18.3~29.4 (25~40)
行数	2	3	4
行距（mm）	单粒模式：140、173、226、280	4种可选	单粒模式：140、173、226、280
开沟深度（mm）	60~80	60~80	60~80

（续表）

项　目	参　数		
	2BYSF-2	2BYSF-3	2BYSF-4
施肥深度（mm）	60~80	60~80	60~80
播种深度（mm）	30~50	30~50	30~50
最大亩施肥量（kg）	40	40	40
亩播种量（kg）	1.5~2.5	1.5~2.5	1.5~2.5
化肥箱容积（L）	42	68	86
种子箱容积（L）	8.5×2	8.5×3	8.5×4

二、主要工作部件

（一）排种装置

排种装置又叫排种器，排种器是播种机的核心部件，其性能的优劣直接影响种子的播种质量、着床出苗和分蘖，以至于影响作物产量。条播类排种器有外槽轮式、内槽轮式、磨纹盘式、锥面型孔盘式、摆杆式、离心式、匙式及刷式等；点（穴）播类排种器有水平圆盘式、窝眼轮式、勺盘式、孔带式等；气力式排种器包括气吸式、气吹式和气压式等。排种器的技术要求：排种器排种均匀稳定，排种均匀性不受外界条件变化而产生严重影响。一台播种机的排种量应该保持一致，不损伤种子，播种调节范围要大，通用性好，工作可靠，不易堵塞。下面介绍几种常见的排种器。

1. 外槽轮式排种器

外槽轮式排种器是谷物条播机上广泛采用的一种排种器，主要由排种杯、排种轴、外槽轮、阻塞套及排种舌等组成，见图3-14。排种盒装在种箱下面，种子通过箱底开口流入排种杯，排种轴带动排种杯内具有凹槽的槽轮在排种杯内旋转，凹槽内的种子随槽轮转动，被强制连续均匀地排出排种杯，排出排种杯的种子经输种管和开沟器达到种床土中；未充入槽轮凹槽的种子，被刮种器（毛刷等）阻留在排种杯内。外槽轮和阻塞套一起紧密安装在排种轴上，阻塞套通过花型挡圈不随排种轴转动，起到阻塞排种的作用。排种量的调整是通过改变槽轮和阻塞套在排种杯内的长度来实现，槽轮工作长度

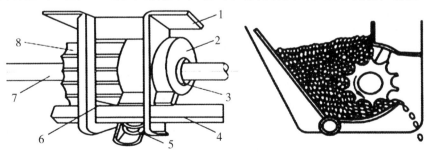

1-排种杯　2-阻塞套　3-花型挡圈　4-刮种器　5-弹簧　6-排种舌　7-排种轴　8-排种槽轮

图3-14　外槽轮式排种器结构示意

长，播种量加大，反之则小。为实现精少量播种，可以换下常量排种轮（10 槽），装上半精量排种轮（16 槽）。

2. 窝眼轮排种器

该排种器由护种板、窝眼轮、刮种板、滑块、柱销、定位轴套、弹簧、偏心套、种子箱及调节转轴等零部件组成，见图 3-15。其工作原理是种子充入型孔时可能附带多余的种子通过刮板式或刷轮式清种法加以清除，以保证精量播种，改变刮种板在清种时窝眼的体积可以达到改变播种量的目的。有的把窝眼改制成通孔，再加上一个可在孔内自由滑动的柱销，由窝眼轮带动柱销逆时针旋转，当柱销接近清种区时，滑块会将柱销顶起，通过调节转轴转动偏心套来改变滑块的位置，从而获得理想的窝眼体积。当柱销离开滑块时，弹簧会使其回到原始位置，可以实现无级、定量、标识调节，且操作简单易行。窝眼型孔深度一般为种子最大厚度的两倍，窝眼轮上的型孔大小可根据所播作物种子形状、大小、每穴要求粒数设计，有单排型孔、双排型孔，也可以设计成组合式排种轮，以满足多种作物的点播、穴播或条播，因此，通用性较好。但是窝眼轮的排种质量取决于型孔和窝眼的充种效果，型孔对种子外形尺寸要求较高，种子需清选分级，形状不规则的种子还要进行丸粒化加工，以保证籽粒大小均匀。而且在排种过程中，易损伤种子。排种器大多用于播种玉米、大豆等中耕作物播种机上，组合式排种轮还可条播谷子。

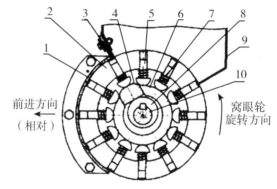

1-护种板　2-窝眼轮　3-刮种板　4-滑块　5-柱销
6-定位轴套　7-弹簧　8-偏心套　9-种子箱　10-调节转轴

图 3-15　窝眼式排种器结构示意

3. 勺轮式排种器

该排种器主要由排种器体、导种轮、隔板、排种勺轮、排种器盖等组成，见图 3-16。隔板安装在排种器体与排种器盖之间，彼此相对静止不动。玉米排种勺轮安装在导种轮上，圆环形隔板位于排种轮与导种轮之间，与它们各有 0.5mm 左右间隙，使其相对转动时不发生卡阻。

工作时，种子经排种器盖下面的进种口限量地进入排种器内下面的充种区，使勺轮充种，工作时勺轮与导种轮顺时针转动，使充种区内的勺轮型孔进一步充种，种勺转过充种区进入清种区，勺轮充入的多余种子处于不稳定状态，在重力和离心力的作用下，多余的种子脱离种勺型孔，掉回充种区，当种勺轮转到排种器上面隔种板上的递种孔处时，种子在重力、离心力作用下，掉入与种勺对应的导种轮凹槽中，种勺向导种轮递

图 3-16　勺轮式排种器

种，种子进入护种区，继续转到排种器壳体下面的开口处时，种子落入开沟器开好的种沟中，完成排种，见图 3-17。

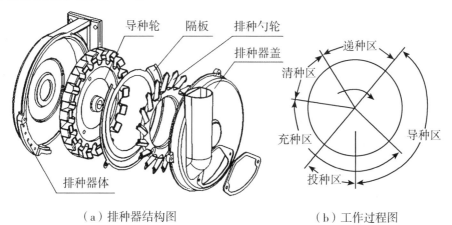

（a）排种器结构图　　　　　　　　（b）工作过程图

图 3-17　勺轮式排种器结构示意

4. 指夹式排种器

排种过程中玉米种子被指夹强行夹住，依次完成夹种、清种、推种和导种工序，播种株距由改变排种盘转速来调节，见图 3-18。对形状较规则、尺寸差别不大的玉米种子比较适宜。

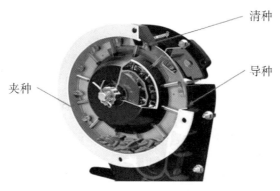

图 3-18　指夹式排种器

5. 气吸式排种器

气吸式排种器是依靠空气负压将种子均匀地分布吸引在型孔轮或滚筒上完成播种作业过程，通过一个带吸种的垂直圆盘，盘背面是与风机吸风管连接的真空管，正面与种子接触。当吸种管在种子室转动，种子被吸附在吸种盘表面的吸种孔上。当吸种盘转向下方时，圆盘背面由于与吸气室隔开，种子不再受吸种盘两面压力差的作用，由于自重落入开沟器完成排种过程。气室吸力可通过风机转速和进、出口风门大小来调节，气吸室真空度，真空度越大，吸孔吸种子的能力强，不易产生漏吸；但真空度过大，一个吸孔吸附多粒种子的可能性加大，会产生重播。此外，吸孔直径越大，吸孔处对种子的吸力越大，可减少漏吸，但会增加重吸。一般采用加大真空度以减少漏吸，同时采用清种器来清除多吸的种子。多用于中耕作物如大豆、玉米、棉花等大粒种子的精播机上，通过调节排种盘转速或改变孔数来适应不同的株距的要求。

6. 气吹式排种器

气吹式排种器带有一个吸种圆盘，型孔底部有与圆盘内腔吸风管相通的吸种孔，当圆盘转动时，种子从种子箱滚入圆盘的锥形孔上，压气喷嘴中吹出气流压在锥形孔上，被转动圆盘运送到下部投种口处，靠自重作用落入开沟器投入种沟。与窝眼轮排种器相比，其特点为：除种子自重充填入型孔外，还有气流辅助力，且型孔较大，因此充填性能很好，对种子形状尺寸要求也不严；利用气嘴射出的气流将多余种子吹掉，达到单粒精播；能在较高作业速度下，排种性能较好，不损伤种子。通过更换不同型孔的排种轮和调节吹气压力，可以精密播种玉米、大豆、菜籽等作物种子等，改变排种轮转速可以调节株距。

（二）开沟器

开沟器是播种机、施肥机上的重要部件，其功用是播种机工作时，将待播土壤开出一定深度的种沟，通过连接在开沟器后端的导种管和肥料管，将种子、肥料输送到开出的沟槽中，并使湿土覆盖种肥。要求开沟器入土能力强，工作可靠，阻力小，开出的沟槽深度要一致。开沟器按其入土角不同可分为锐角和钝角两大类。锐角开沟器主要有锄铲式、翼铲式、船形铲式、芯铧式等；钝角开沟器主要有单圆盘式、双圆盘式、滑刀式、靴式等。穴播机一般还配置开沟器的限深装置、覆土器和镇压轮等部件。为保证行距一致，需在播种机上安装划行器。

1. 芯铧式开沟器

芯铧式开沟器主要由芯铧、铧柄、翼板、输种管和护种罩等组成，见图3-19。芯铧式开沟器主要用于垄作宽幅，芯铧幅宽大小取决于播种的苗幅宽度，一般为120~180mm。

2. 锄铲式开沟器

锄铲式开沟器工作时铲前圆弧面推撞土壤，土壤在铲前升起并向两侧挤压成沟，种子沿开沟器下落，由导向板导种落入沟内。锄铲通过后，两侧土壤向沟中塌陷，覆盖种子，见图3-20。当田间杂草和残茬较多时，开沟器容易发生缠草问题，对整地要求较高。

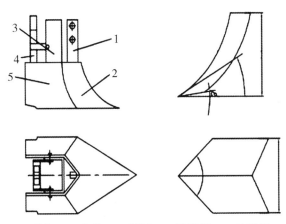

1-铧柄　2-芯铧　3-翼板　4-输种管　5-护种罩

图 3-19　芯铧式开沟器结构

3. 双圆盘开沟器

双圆盘开沟器属于钝角开沟器，由两个回转的平面圆盘组成，在前下方相交于一点，工作时靠中立和弹簧的附加力入土，圆盘滚切土壤，并向两边挤压，形成"V"形沟，见图 3-21。其特点是工作平稳、沟型整齐、不扰乱土层、断草能力强，有利于提高播种深度稳定性；常用于精密播种。

图 3-20　锄铲式开沟器

图 3-21　双圆盘开沟器

（三）施肥装置

在谷物条播机上加装施肥装置，可以实现同时播种施肥联合作业，一般将化肥施放在种子的侧下方，称侧位深施。常见外槽轮式排肥器，其工作原理和外槽轮排种器一样，可以将定量的颗粒肥料施入土中。常见的外槽轮式排肥器外，还有一种常规的施肥装置，包括转轴、肥料桶和底盘，肥料桶中放置肥料，肥料桶底面同一圆周上等间隔的设置有上出肥孔，底盘与肥料桶底面同心并设置于肥料桶下面，底盘上有下出肥孔，下出肥孔的大小与位置与上出肥孔相同，转轴设置于肥料桶内中心位置，转轴下端伸到底盘下面，播种机的传动装置连接转轴，带动肥料转动，当上出肥孔与下出肥孔对正时，肥料从下出肥孔排出，上出肥孔与下出肥孔错开，停止输出肥料。

（四）传动机构

播种机上的传动机构主要有链传动、齿轮传动、电机传动和适当的变速机构。其中，动力来源一是地轮或镇压轮，通过链条传递到排种（肥）器轴；二是拖拉机电瓶带动直流电机，通过链条传递到排种（肥）器轴；三是由旋耕机齿轮箱传动，通过链条驱动排种（肥）器轴。

（五）智能播种监控装置

普通播种机在播种作业时会发生种箱排空、排种管杂物堵塞、排种器故障、开沟器堵塞和排种轴传动失灵等故障，会引起一行或数行下种管不能够正常播种，从而造成"断条"、漏播现象，导致作物减产。而对于秸秆还田条件下的旋耕播种和作业地表被秸秆覆盖条件下的免耕播种，更容易发生漏播、堵塞现象。

智能播种机装有排种监测和控制装置，不仅可以对不同作物、不同播量的排种器进行监控，而且可以用光信号和声信号对漏播、重播、堵塞等进行声光报警，通过光电信号显示排种轴转动情况，用数字显示每行的播量、单位播量和已播面积累加数定量统计，并显示播种株距、播种面积、播种速度等。具体表现在：一方面智能化控制装置可以根据播种机前进速度信号，实现对排种、排肥量的自动控制，基于计算机的排种速率控制装置，采用无级变速电动机驱动排种器，取代传统的地轮驱动方式，可根据拖拉机行进速度的实时测量，通过脉冲调控技术控制驱动电机的转速，实现排种速率的最佳控制。另一方面播种机的自动监测系统，能自动监测播种机漏播、堵塞等问题。针对高速大幅宽原茬地（前茬秸秆未处理）小麦精少量播种机种肥播施过程中种肥箱排空、排种（肥）管堵塞、排种（肥）传动故障等导致"断条"漏播问题，检测系统通过种肥播施监控技术、种肥播施监测传感器及其封装技术和种肥播施监控终端、非侵入式种肥播施监测传感器及其监测模块、播种施肥作业参数监测模块，实现种肥播施堵塞监测报警、漏播漏施信息采集、种肥播施作业参数实时监测记录，有效提高原茬地小麦精少量播种施肥质量和效率。

（六）适应湿烂田块播种平整作业装置

因有些地区雨水较多，排水不畅，部分耕地湿烂，农机作业碾压造成了田面起伏高低不平。部分地区土壤黏重，机械播种作业后，由于土壤黏重造成二次翻土覆盖，播种深度超标，导致无法出苗、断垄等问题。江苏欣田和项氏农机等企业开发湿烂地播种摊平装置，解决了这一难题，实现全天候全墒情作业。以江苏项瑛农机有限公司生产的2BFG230-260型灭茬智能施肥播种机为例，该机是一款机电一体化的多功能精准作业机具，可以一次完成六道工序：分行施肥—秸秆全量还田—干湿田全墒情地表锥螺旋搅龙平整—智能精量播种—浮动式开沟—湿式拖板或干式滚筒液压可调式镇压。增加的螺旋锥搅龙装置，见图3-22，实行旋耕后二次碎土摊平，湿烂田块用拖板镇压平整，进一步提高了湿烂田块机械化播种的适应性和地表平整度。

图 3-22　螺旋锥搅龙和拖板装置湿烂田作业效果

（七）其他部件

1. 种肥箱

种肥箱必须有足够的容量，箱底板的倾斜角应大于种肥的自然休止角。

2. 输种管

输种管主要作用将排种器排出的种子导入开沟器，或直接导入种沟。对输种管的要求是确保种子能在输种管内自由流动，不破坏排种器的排种均匀性，要有一定的韧性、弹性和伸缩量，其材质类型可分为金属卷片（卷丝）管、橡胶褶皱管和塑料波纹管等。

3. 覆土器

免耕开沟播种后应当采用覆土器，先覆以湿土，而且要均匀。对于行距较小的可以采用链环式、弹齿式、爪盘式覆土器，对于行距较宽、覆土量大、覆土严密并有一定起垄作用播种机，可以采用圆盘式、刮板式覆土器。

4. 镇压轮

镇压轮的功用是保墒、调水、提高抗旱能力，提高地温，促进种子的发芽和生长。由于旋耕和免耕开沟会把土层翻出来产生大量土块，土壤里的杂草、残茬等影响，会干扰种子准确投送到预定的位置，大量土块产生的空隙增多、水分流失加快，可能会出现失水缺苗、断垄等问题。种子出苗后又会受到碎土块重力的变化下沉而损伤种苗的幼根，通过镇压可以使土壤空隙减少，让种子稳定的扎根，同时将大量的还田秸秆和土壤压实，避免了早春秸秆分解后产生新的空隙，使大量的麦苗根系失水和受冻死亡。播后镇压多适用于北部冬麦区和黄淮冬麦区。

三、技术要求

（一）作业质量要求

（1）播完后须检查实际播量与原计划是否一致，误差控制在计划播量的±4%以内，在整地质量符合要求时，播深合格率≥75%。

（2）播种均匀，无断条、漏播、重播现象，在整地质量符合播种要求时，断条率应≤5%。

（3）各行播量均匀一致，误差≤5%。

（4）行距一致，播行笔直，地头整齐。机组内相邻两行行距误差<15mm，相邻两靠行误差<25mm。

（二）调整要点

（1）播种机应匀速前进，速度二挡，在不影响播种质量前提下可适当提高，但不超过三挡。田头应留有一个播幅宽度。播种时不应倒退，需倒退应将开沟器和划印器升起。

（2）排种器与种箱间隙≤3mm。外槽轮式排种器齿轮不得有损坏，各排种器有效工作长度相等，偏差≤0.3mm，清种毛刷与槽轮重叠1mm左右。锥盘式排种器限量刮种器橡胶板豁口半径应为2mm，限量铁板通道豁口半径为2.5mm，刮种器下缘至锥盘表面间隙为1mm。

（3）播种开沟器必须与施肥开沟器左右方向错开50mm以上，建议施肥开沟器较播种开沟器深50mm，避免化肥烧苗。

（4）机具检修调整宜在地头进行，中途不得停车，地头转弯前后应及时、准确地起落机具。

（5）作业中应经常观察下种下肥情况，及时清除机具上杂物等。

（6）药剂拌种时，工作人员应戴手套、口罩、风镜等防护用品，工作完毕及时清洗，剩余种子须妥善处理。

（三）操作方法

1. 装种与装肥

首先要筛去种子内的碎末、沙土等细小杂物，拣去大块杂物，撒落捡起的种子必须清选后再装，包衣种子应晾干，浸籽或包芽籽应控制水分。装种前应检查清种口盖是否盖好，输种管两端是否接好，发现问题应及时排除后方可装种。种子加入种箱后应立即盖好种箱盖，作业时不要打开。作业时应观察输种管内种子位置，当种子上平面接近管底部时，应及时加种，否则容易漏播。将化肥结块砸碎，拣去杂物，过湿或流动性差的肥料应事先晒干。装肥前检查斗内有无杂物，装完后检查斗底拉板是否打开。

2. 清肥与清种

清肥时打开化肥斗底部的放肥口盖，将大部分化肥从此口排出，剩余肥料可抽去清肥口抽拉板打开清肥口排出，需要时可抽去排肥盒底部的铁丝打开排肥舌，可清尽化肥。清种时应先去除粘在开沟器上的泥土，并在开沟器下接袋，取下清种口盖，将种子排出；不能排出的种子可以用手指拨出，也可以一手接袋，一手转动地轮，直至种子排完。

3. 余行停播操作

当作业地块出现余行时，比如有块地共8行，用3行播种机作业两次完成6行，还剩2行，不够一次作业，就出现了余行，此时就需要将某一个或几个播种总成停播。有的在排种传动轴上配有离合器，可以很方便地把排种盘与传动系统分离或结合。

（四）作业方法

机具在路上高速行驶时，必须将拖拉机升降器锁好，严禁牵拉机具行驶。机具降落时要缓慢、平稳，以防开沟器蹲土堵塞。要有专人跟机监视排种器和排肥轮是否正常转动，前方有无秸秆堵塞，播深是否合适，有无露籽现象，如有问题必须及时排除。每班前或换地块作业前应检修，作业中途也应定期停机检修。检修时应升起机具旋转地轮，观察排种是否正常；检查施肥、播种开沟器是否堵塞；驱动器外周面黏土过多时应该清理。

第四节　机械化开沟技术与装备

小麦高产稳产必要的生产条件在于建设土、肥、水相结合的基本农田，其中"水"就是麦田开沟排水问题，麦田一套墒沟是确保麦田灌溉、排除田间积水、降低土壤湿度和地下水位的关键环节，更是小麦高产稳产的重要保证。

一、开沟理墒技术

（一）"水"对小麦生产的重要性

俗话说："小麦收不收，关键看墒沟"。小麦渍害是"三水"（地面水、潜层水和地下水）综合危害影响的结果。麦作地区除有些年份发生秋冬或冬春干旱外，一般降水量均能满足小麦一生各阶段需水的要求。如果水分过多，超过小麦生长发育的需要，特别是在抽穗、开花、灌浆到成熟，多雨、相对湿度大、日照不足，常引起渍害及赤霉病、白粉病等的发生。近几年来，尤其赤霉病流行频率高，危害重。麦田排水不良，地下水位高，毛管饱和区上升浸及根系密集层，使小麦根系长期处于缺氧环境，活力衰退，影响麦株正常吸收水分和养分，严重时土壤中产生大量还原物质毒害根系，造成烂根死亡。小麦渍害在各个生育阶段都有发生，特别在小麦抽穗扬花灌浆成熟阶段雨水多，易发生渍害，造成根系早衰，从而不能从土壤中吸收到足够的水分，蒸腾量超过吸水量，破坏了植株体内水分平衡，引起生理脱水，植株早枯，致使灌浆期缩短，麦粒瘦小，千粒重降低。

北方冬小麦节水高产栽培技术是以底墒水调整土壤水，减少灌溉次数，提高产量和水分利用率的栽培技术，播种前浇足底墒水，将灌溉水变为土壤水。南方稻茬小麦播种要求在水稻收获前7~10d排放田中积水，保证水稻适期收获和小麦的适墒播种，防止小麦播种时烂耕、烂种。小麦收获时，如果没有科学实用的配套排水系统，不能达到雨过田干，收割机不能及时下田收获，夏季遇到暴雨，小麦遇雨极有可能变质，导致丰产不能丰收。因此，用机械化开沟装备开好"三沟"，科学保墒理墒是小麦机械化生产的重要环节。

（二）麦田理墒的农艺要求

挖沟、修渠降低地下水位是防治小麦病害、渍害的重要措施。生产实践证明，小麦田适宜的地下水位如下：在播种到出苗阶段为0.5m左右，在分蘖阶段为0.6~0.8m，在拔节到成熟阶段在 1~1.2m 为宜。第一，清理河道，广开沟渠，河沟相连，沟渠配套，把地下水位降低到 1m 以下。第二，做到三沟（围沟、腰沟、畦沟）配套，逐级加深，沟沟相连，围沟通河。第三，早开沟、开深沟，能使雨时不滞流，雨住不渍水，天晴土爽，深沟引深根，根系发达，根系形成网状，从而起到护土保沟，减少冲刷的作用。早开沟。"冬土如铁"，年前早开深窄沟，不仅黏土不垮，沙壤土也不会垮。深沟爽土，有利扎根，由于根系发达而促进了增蘖、增穗、增粒，也有利于降湿、抑菌和减轻病害。深开沟渠而降低土壤含水量及田间湿度，改变了麦田小气候，使病菌越冬基物处于干燥状态，不利于小麦赤霉病子囊壳的形成、发育和子囊孢子的释放。第四，专人负责管沟用沟工作，充分发挥沟渠的作用。

1. 挖好"三沟"，建立水系

在小麦播种季节，既要抓住晴好天气突击抢收抢种，做到收一块种一块，又要保证播后高标准开好田间墒沟。达到"一方麦田、两头出水、三沟配套、四面腾空"的标准，有条件的还可以达到"明暗结合、内外相连、能排能降"的标准，为夏粮高产夯实基础。第一，前茬作物收获前清理开挖配套外三沟（隔水沟、导渗沟和排水沟），且逐级加深，隔水沟深 1m 以上，渗水沟 1.2m 以上，排水沟 1.5m 以上，确保灌得进、排得出、降得下，排水通畅，雨过田干。第二，播种后实施机械开沟，每隔 3~4m 开挖一条竖沟（畦沟），沟宽 200mm，沟深 200~300mm；距田两头横埂 2~5m 各挖一条横沟（腰沟），较长的田块每隔 50m 增开一条腰沟，沟宽 200mm，沟深 300~400mm；田头排水沟要求宽 250mm，深 400~500mm，确保内外三沟相通。秸秆还田田块要减少竖沟间隔，畦宽 2m 左右，加大内三沟开沟密度和深度，提高灌排效果，减轻涝渍灾害。

2. 清沟理墒，排水降渍

在早春，未开排水沟的麦田，要抓住晴天尽早开好麦田三沟，开沟泥土要均匀散开，避免损伤麦苗。已开沟的麦田，要及时疏通，保证排水畅通，做到雨过田干、沟无积水，同时确保麦田外三沟畅通。

3. 清沟排湿，防御渍害

俗话说"尺麦怕寸水"。拔节至抽穗是小麦对湿渍害的敏感期。稻茬麦田沟渠配套差，渍害较重，要在春雨来临前，开好边沟、围沟、排水沟，排水降渍，确保小麦正常生长和籽粒灌浆。

二、开沟装备

（一）圆盘式开沟机

1. 结构组成

机械化开沟一般采用圆盘式开沟机，主要结构可分为传动装置、工作装置和辅助装置。传动装置主要由万向节总成和齿轮箱总成组成；工作装置主要由刀盘总成和犁体总成组成；辅助装置主要由悬挂机构、散土罩机架等组成。齿轮箱总成固定在机架上，刀盘固定在齿轮箱总成的输出轴上，刀盘两侧刀座上一般均匀安装 6~8 把切土刀和 2~3 把削壁刀，在刀盘的前上方安装了由两块弧形铁板组成散土罩（也叫分土板或抛土板），开沟机的两侧悬挂臂上配置了两个限位装置。圆盘开沟机因工作装置不同分为单圆盘开沟机和双圆盘开沟机。双圆盘开沟机采用双圆盘刀铣削作业，配套的力较大，广泛应用于三麦、油菜等秋播作物田的开沟作畦。单圆盘开沟机见图3-23。

2. 工作原理

拖拉机动力输出轴通过万向节将动力传到开沟机齿轮箱，齿轮箱传送动力到刀盘，驱动刀盘旋转，切土刀采用旋耕用的弯形刀，在刀盘两侧左右弯交替、星状对称安装，保证刀盘每转过一定角度只有一把刀切土，以减小扭矩波动，并平衡侧向力，弯曲的侧切刃口有滑切作用，沿纵向切开土壤，并且先由根部螺旋向外滑切，然后再由正切刃从横向切开土垡，切削阻力小。削壁刀为无正切刃

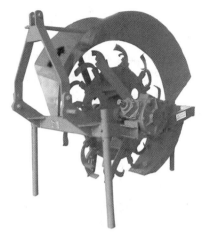

图3-23　单圆盘开沟机

的平面刀，安装于刀盘两侧，在相位上相差180°。削壁刀由根部到刀尖的平面与刀盘中心平面形成15°左右的夹角，可以保证开成的沟为梯形。被开沟刀抛出的大土块与散土罩撞击后，形成40mm左右的小碎土块，均匀地抛向刀盘两侧。限位装置可以有效地控制拖拉机下拉杆的左右摆动，使得开沟的直线性、沟深稳定性较好。

3. 1KJ-35型单圆盘开沟机主要技术参数（表3-3）

表3-3　1KJ-35型单圆盘开沟机主要技术参数

项　目	参数	
拖拉机配套动力（kW）	36.8～55.2	
动力输出转速（r/min）	700～800	
与拖拉机连接形式	标准三点悬挂	
沟深（mm）	300～400	
沟底宽（mm）	120	
沟面宽（mm）	矩形	120
	梯形	180～200
刀片型号	IT245	
开沟刀数量	左右各6把	
削壁刀数量	左右各3把	
刀盘直径（mm）	1 100	
刀盘转速（r/min）	170～195	
开沟效率（m/h）	2 000～3 400	
齿轮箱加注150号齿轮油（kg）	1.2～1.5	
整机质量（kg）	290	
外型尺寸（长×宽×高）（mm）	1 500×770×1 400	

（二）深松机械

使用深松机深松耕作层以下50～150mm（耕深大的可达350～500mm）的犁底层，

其作业特点是深松部分在土层深处形成一定间隔的"鼠道",打破土壤犁底层,有效改善土壤的通透性,提高了土壤蓄水能力,利于作物深扎根系,增强了作物抗倒伏能力,起到保墒、丰产及减少水土流失的效果。由于不扰动地表耕作层,减少了土壤水分的蒸发损失,为作物的生长提供较好的土壤条件。深松作业根据土壤、作物、气候条件的差异,可以选择不同的深松机。

1. 主要构造和工作特点

深松犁一般采用悬挂式,基本结构由机架(犁架)、悬挂架、深松犁柱、主犁(铲)体、限深轮等组成,工作部件主犁铲装在机架后横梁上,由铲柄和深松铲组成,连接处备有安全销,以防碰到大石头等障碍时,剪断安全销,保护深松铲。限深轮装于机架两侧,调整和控制耕作深度。有些小型深松犁没有限深轮,靠拖拉机液压悬挂油缸来控制深度,见图3-24。

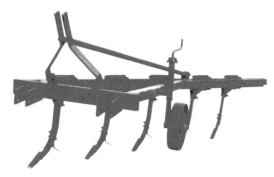

图3-24 深松机

在生产中应用的土壤深松方法主要有间隔深松、垄沟深松、中耕深松、浅耕深松、垄翻深松、全面深松等。按作业机具结构原理可分为凿式深松、翼铲式深松、振动深松、鹅掌式深松等。不同深松机具因结构特点不一,作业性能也有一定差异,适用土壤及耕地类型也有一定的变化。

深松铲主要分凿形、箭形和双翼形几种。其中,凿形松土铲铲尖呈凿形,可由铲柄延长部直接锻成,也可将铲柄和铲尖分开制作,再用螺栓连接,磨损以后可以更换。这种松土铲过去用得较多,现在已经为箭形松土铲所取代。箭形松土铲呈三角形的铧尖有凸曲形的工作面,耕后土壤松碎平整,松土质量较好。此类型现已多被用于我国新设计的中耕机。铧式松土铲和箭形松土铲具有相似的结构,只是翼部后延伸比箭形松土铲略长。

2. 深松机主要技术参数 (表3-4)

表3-4　1S180型深松机主要技术参数

项　目	参　数
整机重量(kg)	350
外形尺寸(长×宽×高)(mm)	3 700×1 900×1 350
配套动力(kW)	66.2~88.2
铲距(mm)	360

（续表）

项　目	参　数
总耕幅（mm）	1 800
深松深度（mm）	200~400
工作铲数（个）	5
铲柄厚度（mm）	25
生产率（亩/h）	8~12
与拖拉机连接方式	三点悬挂

3. 作业条件和有关要求

（1）机械深松作业应根据土壤的墒情、耕层质地情况具体确定，一般情况下，耕层深厚、耕层内无树根、石头等硬质物质的地块宜深些，否则宜浅些。

（2）土壤适耕条件。土壤含水量在15%~22%。作业季节土壤含水量较高，比较黏重的地块不宜进行深松作业，尤其不宜采用全方位深松作业，以防止下年出现坚硬板结的垄条而无法进行耕作。

（3）深松深度可根据不同目的、不同土壤质地来确定。对于一般土壤，以打破犁底层、增加蓄水保墒能力为目的，可根据土壤耕层状况选择350~450mm的松土深度为好，不宜过浅，以利于土壤水库的形成和建立。

粮食作物深松作业的深度：苗期作业深度，玉米为230~300mm，小麦250~300mm，秋季作业深度为300~400mm。深松作业深度要一致，不得漏松，夏季深松时应同时施入底肥。

（4）作业时在主机能够正常牵引的挡位上尽可能大油门提高车速，以便获得理想的深松作业质量。

（5）深松作业的时间。全方位深松必须在秋后进行，局部深松可以秋后或播前秸秆处理后进行灭茬，再进行深松作业；夏季深松作业，宽行作物（玉米）在苗期进行，苗期作业应尽早进行，玉米不应晚于5叶期，窄行作物（小麦），在播前进行。但为了保证密植作物株深均匀，应在松后进行耙地等表土作业，或采用带翼深松进行下层间隔深松，表层全面深松。

（6）作业周期。根据土壤条件和机具进地强度，一般2~4年深松一次。

4. 使用调整和操作规程

（1）纵向调整。使用时，将深松机的悬挂装置与拖拉机的上下拉杆相连接，通过调整拖拉机的上拉杆（中央拉杆长度）和悬挂板孔位，使得深松机在入土时有3°~5°的入土倾角，到达预定耕深后应使深松机前后保持水平，保持松土深度一致。

（2）深度调整。大多数深松机使用限深轮来控制作业深度，极少部分小型深松机用拖拉机后悬挂系统控制深度。用限深轮调整机具作业深度时，改变限深轮距深松铲尖部的相对高度，距离越大深度越深。调整时要注意两侧限深轮的高度一致，否则会造成松土深度不一致，影响深松效果。调整好后注意拧紧螺栓。

（3）横向调整。调整拖拉机后悬挂左右拉杆，使深松机左右两侧处于同一水平高度，调整好后锁紧左右拉杆，这样才能保证深松机工作时左右入土一致，左右工作深度一致。

第四章　高效植保机械化技术与装备

通过实施植物保护工程，能够全面提升对农作物有害生物和外来检疫性有害生物的监测预警、综合治理与应急控制能力，可以做到经济有效，防重于治，把病虫草害消灭在危害之前，提高农药和药械管理与安全使用能力，把病虫杂草等有害生物的危害降到最低程度，以达到稳产高产和提高农产品品质的目的。通过机械化植保统防统治，实行农药统购、统供、统配和统施，规范田间作业行为，可以提高防治效果，减施农药，并有效避免人畜中毒事故发生，有利于防控方式向资源节约型、环境友好型转变，促进植保机械升级换代，提升农业现代化水平，促进人与自然和谐发展。

第一节　专业化统防统治技术

从农业生产过程来看，病虫防治是技术含量最高、用工最多、劳动强度最大、风险控制最难的环节，农民一家一户难以应对。据统计，农业生物灾害造成的损失，超过水、旱等自然灾害，成为农业生产第一灾。据统计，水稻不防治病虫害田一般造成 $40\% \sim 60\%$ 损失，严重的可造成绝收。专业化统防统治作业效率高，作业效果好，环境污染少，减损就是增产，发展专业化统防统治是进一步提升粮食生产能力的重要措施。

农作物病虫害统防统治是指具备一定的专业技术条件的服务组织，采用先进、适用的设备和技术，为农民提供契约型、社会化和规模化的病虫害防治服务。一个成功的机械化统防统治组织，必须要有一个合格的机防队伍、农机与农艺相结合的生产方案、完善的管理制度和规范的统防统治流程，见图 4-1。

一、统防统治的方法

植保应根据不同的作物、生长期、地理情况、气象条件、所用的装备和农药等有所不同。植保施药是一门综合的技术，需要多学科的支撑，例如，农艺、机械、农药、植保、气象、昆虫、法律法规等。经过多年实践证明，单纯使用某一防治方法，并不能很好地解决病、虫、草害。如能进行综合防治，充分发挥农业技术防治、化学防治、生物防治、物理机械防治及其他新方法、新途径（昆虫性外激素、保幼激素、抗保幼激素、不育技术、拒食剂、抗菌素及微生物农药等）的综合效用，能更好地控制病虫草害。

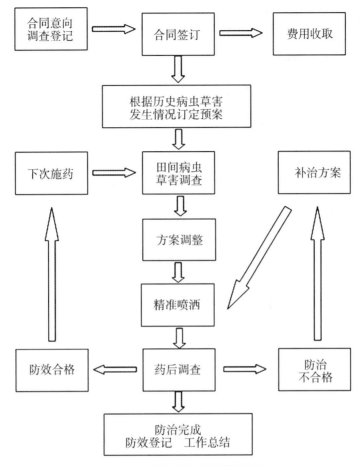

图 4-1　植保统防统治服务流程

（一）农业技术防治法

通过农业技术手段或措施来增强作物抵抗病虫草害能力的防治方法。如选育抗病、抗虫品种，合理施用有机肥料及化学肥料，改进栽培方法，实行合理轮作，深耕和改良土壤微生物环境，培养土壤微生物菌群，加强田间管理，选择适宜的播种期和适期收获等。

（二）生物防治法

利用某些生物或生物的代谢产物去控制害虫的发生和危害。如以虫治虫（瓢虫吃蚜虫、赤眼蜂寄生在鳞翅目产卵等）、微生物治虫（球孢白僵菌、僵尸真菌等寄生杀虫等）、鸭（鸟）治虫、破坏害虫生育性（人工合成性诱剂）等。

（三）物理和机械防治法

利用各种物理因子（声、光、电、热、温湿度等）、人工或器械防治有害生物的方法。例如，机械捕捉、果实套袋、紫外线照射、超声波高频振荡、高速气流吸虫机等，见图 4-2。

图 4-2　粘虫板和太阳能杀虫灯

（四）化学防治法

利用化学药剂，通过专用设备施药消灭病虫害的方法。这种方法的特点是操作简便，防治效果好，生产率高，受地域和季节影响小，但对环境和生态具有一定的破坏作用。目前植物保护的方法主要是化学防治法，植保机械也主要是针对化学防治法的，植保无人机化学防治见图 4-3。

图 4-3　植保无人机化学防治

二、机械化植保技术

（一）农艺技术要求

（1）能满足农业、园艺、林业等不同种类、不同生态以及不同自然条件下植物病虫草害的防治要求。

（2）能将液体、粉剂、颗粒等各种剂型的化学农药均匀地分布在施用对象所要求的部位上。喷雾过多、过浓易使作物造成药害；反之，则不能达到防治的效果。

（3）对所施用的化学农药应有较高的附着率，以及较少的飘移损失。雾点太大，喷洒到叶茎上时，容易流失；雾点过细，容易随风飘失或高温蒸发掉。

（4）要有足够的射程，以满足在作物行间的近距离喷雾或在远距离的大面积作物、森林和果园的喷雾。

（5）机具应有良好的通过性，不应或减少损伤作物；有较高的生产效率和较好的使用经济性和安全性，工作部件应有较高的耐磨、防渗漏和抗腐蚀性能。

（二）施药方法

现代农业需要现代化植保，现代化植保需要高效施药技术。目前，我国每年化学植保需农药（原药）190万t，这些农药都由药械喷洒，然而，我国农药有效利用率仅为30%左右（发达国家可达60%～70%），每年有超过100万t的农药流失到土壤、水体、空气中，或残留在农产品中，这不仅严重削弱了我国对有害生物的抗灾能力，威胁着我国的粮食安全及重要农产品的有效供给，并且造成农业面源污染加剧，生物多样性破坏，严重威胁着我国的环境安全、生态安全、农产品质量安全和国民身体健康。因此，现代化的植保机械与施药技术十分重要。

1. 喷雾法

喷雾法借助于喷雾器械或装置将药液均匀地喷布于防治对象及被保护的寄主植物上。适应药剂为乳油、可湿性粉剂、可溶性粉剂、胶悬剂等，施药要求雾滴大小浓度适宜、分布均匀，能达到被喷目标需要药物的部位，并且不形成水滴从叶片上滴下为宜，机器部件不易被药物腐蚀，有良好的人身安全防护装置。

（1）喷雾法。通过高压泵和喷头将药液雾化成100～300μm较粗雾滴的方法。

（2）弥雾法。利用风机产生的高速气流将粗雾滴进一步破碎雾化成75～100μm的较细雾滴，并吹送到远方。通过气力式喷头利用比较小的压力将药液导入高速气流场，在高速气流的冲击下，被雾化成直径很小的雾滴，气体压力式喷头可以获得比液体压力式喷头更小的雾滴，借助风力把雾滴吹送到比较远的作物上，见图4-4。其特点是雾滴细小、飘散性好、分布均匀、覆盖面积大，可大大提高生产率及施药浓度。

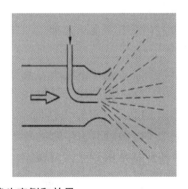

图4-4　弥雾法喷头实例和效果

（3）超低量法。利用高速旋转的齿盘将药液甩出，形成15～75μm的极细雾滴，可不加任何稀释水，又称超低容量喷雾法。超低量喷雾常用气体压力式喷头，见图4-5。其工作原理是由风机产生的高速气流，从喷管流到喷头后遇到分流锥，从喷口以环状喷出，喷出的高速气流驱动叶轮，使齿盘组装高速旋转（10 000r/min），同时药液由药箱经输液管进入空心轴，从空心轴上的孔流出，进入前、后齿盘之间的缝隙，于是药液就在高速旋转的齿盘离心力作用下，沿齿盘外圆抛出，破碎成细雾滴，这些细雾滴又被喷口内喷出的气流吹向远处。

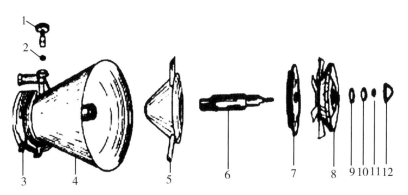

1-压盖　2-密封垫　3-卡环装配　4-喷口　5-分流锥　6-喷嘴轴铸合
7-分流锥盖　8-齿盘组合　9、10-轴承　11-螺母　12-轴承压盖

图4-5　超低量喷头组合结构

2. 喷粉法

喷粉法是利用喷粉器械产生的风力，将粉剂均匀地喷布在目标植物上的施药方法。优点是最适于干旱缺水地区使用，宜在早晚叶面有露水或雨后叶面潮湿且无风条件下进行；缺陷是用药量大，被风吹失和雨水冲刷，污染环境。

3. 土壤处理法

该法用土壤处理机将药粉与细土、细沙、炉灰等混合均匀，撒施于地面，然后进行机械翻耕等，主要用于防治地下害虫或某一时期在地面活动的昆虫。

4. 拌种法（或浸种、浸苗、闷种法）

拌种是指在播种前用种子处理机将一定量的药粉或药液与种子搅拌均匀，用以防治种子传染的病害和地下害虫。拌种用的药量，一般为种子重量的0.2%~0.5%。

5. 熏蒸法

熏蒸法是利用气态或在常温下容易气化的熏蒸剂在密闭条件下的施药方法。气态是物质的最高分散状态，药剂以分子形式分散，弥漫在空气中，其扩散、渗透能力极强，有"无孔不入"的能力，可渗入任何空间，对于在密闭的仓库、车厢、船舱、集装箱中，特别是缝隙和隐蔽处有害生物的防治，采用熏蒸法是效率最高、效果最好的施药方法之一。熏蒸作业都是由专业人员操作，并严格按照制定规范化的安全操作规程和施药技术操作。

6. 常温烟雾法

该法利用高温气流使预热后的烟剂发生热裂变，形成1~50μm的烟雾，再随高速气流吹送到远处空间。

第二节　高效植保机械化技术

高效植保机械化是农业增产、环境质量和食品安全重要保证。治理农业生态环境，发展绿色生态可持续农业是农业供给侧改革的重要内容。按节约资源、降低能耗、减少污染和食品安全的目标要求，大力推广新型高效施药装备和技术，可以提高防治效果，减少农药使用量，降低环境污染。当前，信息技术、生物技术、计算机技术、物理技术、智能控制技术等高新技术的融合发展，农村劳动力的转移和集约化农业的形成，高效精准施药施肥机械及配套技术备受青睐。近年来，植保无人机、高地隙自走式喷杆喷雾机的快速应用，大大提高了植保高效精准施药的水平。

一、植保机械的分类

（一）按所用的动力分

分为人力（畜力）植保机械、小动力植保机械、拖拉机配套植保机械、自走式植保机械、航空植保机械、无人智能植保机械。

（二）按施用化学药剂分

分为喷雾机、弥雾机、超低量喷雾机、喷粉机、喷烟机、土壤处理机、种子处理机、颗粒抛撒机等。

（三）按植保装备的工作效能分

分为低效植保器械和高效植保机械。高效植保机械包括推车式（框架式）喷雾机、自走喷杆式喷雾机、智能植保无人机、载人航空植保装备等。

二、高效植保机械的主要工作装置

喷雾机一般由药液箱、搅拌器、空气室、药液泵、喷头、安全阀、流量控制阀和各种管路等组成。其中药液泵、空气室、喷射部件和安全阀等是喷雾机的主要工作部件。

（一）高压药液泵

药液泵的作用是给药液加压，以保证喷头有满足性能要求，提供稳定的药液工作压力。药液泵分隔膜泵、往复泵（活塞泵、柱塞泵）、旋转泵（离心泵、转子泵、螺杆泵）。药液泵主要以柱塞泵、活塞泵和隔膜泵等往复泵形式为主。药液泵的性能参数主要有压力和流量等。

1. 往复泵

往复泵是利用曲柄连杆机构或偏心轮等机构，将电机或发动机等动力机械的转动变成活塞（柱塞、皮碗等）等工作部件的往复运动，依靠柱塞在缸体中往复运动，进而改变泵腔内的容积，再通过进液阀和出液阀两个单向阀的相互配合，在泵腔容积加大时吸入药液，在泵腔容积减小时压出药液，见图4-6。往复泵的特点是工作压力脉动幅度比较大，具有额定压力高、结构紧凑、效率高和流量调节方便等优点。

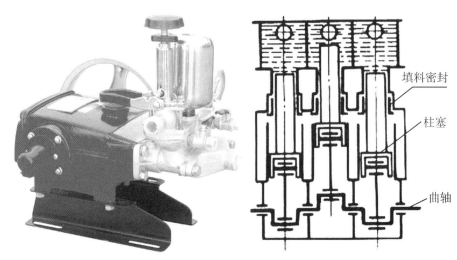

图 4-6　往复泵实体及结构示意

2. 隔膜泵

隔膜泵是在往复泵的基础上增加隔膜片，通过隔膜片来回鼓动改变工作室容积从而吸入和排出液体。它实际上就是栓塞泵，隔膜一侧与药液接触的部分均由耐腐蚀材料制造或涂一层耐腐蚀物质，借助隔膜片将被输药液与柱塞和缸体隔开，从而保护柱塞和缸体，见图 4-7。

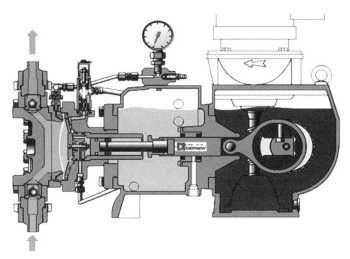

图 4-7　隔膜泵实体结构剖面

3. 旋转泵

旋转泵是靠泵内一个或一个以上的转子旋转来吸入与排出液体的，又称转子泵。通过液泵转子的转动使进液腔容积增大，压力减小而吸液，出液腔容积减小，压力增大而排液，这种泵无须专门的进液阀和出液阀与之配合工作。外啮合齿轮泵是应用最广泛的一种齿轮泵（称为普通齿轮泵），其设计及生产技术水平也最成熟，见图 4-8。齿轮泵的额定压力可达 25MPa，由于这种齿轮泵的齿数较少，导致其流量脉动较大。其特点是，工作压力比较稳定。

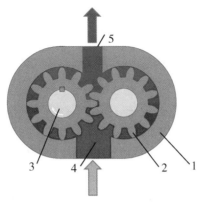

1-壳体端盖　2-被动齿轮　3-主动齿轮　4-吸药区　5-压药区
图 4-8　外啮合齿轮泵齿轮副工作示意

（二）喷雾系统总成

1. 喷雾系统组成

喷雾系统主要由药箱、高压液泵、空气室、过滤器、搅拌器、安全阀、调压阀、流量控制阀、分配阀、搅拌器、输液管、喷杆、喷头、开关等组成。其中，调压阀用于调节液泵工作压力，流量控制阀调节喷雾系统流量，分配阀用于控制各段喷杆是否喷雾，整个喷雾系统采用多级过滤，保证喷雾作业的可靠性。高压液泵和喷头在整个喷雾系统中对喷雾质量起到关键作用，高压液泵必须提供足够的压力满足喷雾的需要，在此前提下，为达到农艺要求的雾化指标，还需要对喷头类型和工作参数进行选择。

2. 工作过程

发动机动力输送到高压液泵，液泵工作将药箱内药液经三通开关、过滤器吸入泵内，药液经加压后，送至喷雾控制总成。喷雾控制总成分为两部分输出，一部分经过调压阀以一定的压力输送给分配阀，再通过分配阀和喷杆输送药液到各个喷头雾化喷出。在喷雾系统总成统一控制下，还可以实现每组的开关、压力、流量可调，以保证均匀喷洒，既能保证药量要求又能达到防治效果，提高农药的利用率，实现减施增效。另一部分药液从液泵处回流药箱，用于驱动搅拌器，保证农药和稀释液混合均匀不沉淀。调压阀除输送高压药液到喷头外，还负责将多余的药液回流至药箱，见图 4-9。

（三）喷射部件

1. 分类

喷射部件主要就是喷枪或喷嘴，见图 4-10。

喷枪包含枪身、枪头；枪头包含一个或多个喷嘴。

喷嘴也叫喷头。喷嘴的作用是保证药液以一定的雾滴尺寸、流量和射程喷向指定位置。在相同喷药量条件下，药液雾滴越小，雾滴的数目也就越多，覆盖面积越大，并且比较均匀，防治效果越好。喷嘴按功能大致可分为喷雾喷嘴、喷油烧嘴、喷沙嘴及特殊

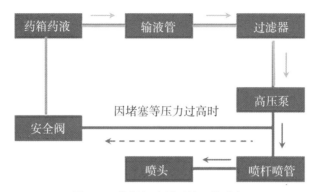

图 4-9 植保机喷雾系统工作流程

图 4-10 多头喷枪和无人机喷嘴

喷嘴；按材料可分为金属喷嘴、塑料喷嘴、陶瓷喷嘴、合金喷嘴；按形状可分为空心锥喷嘴、实心锥喷嘴、方形喷嘴、矩形喷嘴、椭圆形喷嘴、扇形喷嘴、柱流（直流）喷嘴、二流体喷嘴和多流体喷嘴等。

植保用的主要有液体压力式喷头、气体压力式喷头、离心式喷头和静电式喷头等。液体压力式喷头在生产上应用很广，常见的主要有涡流式喷头、扇形喷头和撞击式喷头等。

（1）涡流式喷头。主要有切向离心式喷头、涡流片式喷头和涡流芯式喷头等。以切向离心式喷头为例，见图 4-11。其主要由喷头帽、喷孔片、垫圈和喷头体等组成。喷头体加工成带锥体芯的内腔和与内腔相切的液体通道，喷孔片的中心有一个小孔，内腔与喷孔片之间构成锥体芯涡流室。

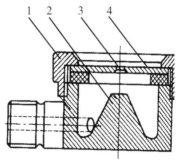

图 4-11 切向离心式喷头剖面

切向离心式喷头的工作原理：高压液流从喷杆进入液体通道，由于斜道的截面积逐渐变小，流动速度逐渐增大，高速液流沿着斜道按切线方向进入涡流室，绕着锥体做高速螺旋运动，在接近喷孔时，由于回转半径减小，圆周运动的速度加大，最后从喷孔喷出。由于药液的喷射过程是连续的，因此药液从喷孔射出后，成为锥形的散射状薄膜，距离喷孔越远，液膜越薄，以致断裂成碎片，凝聚成细小的雾滴。受到空气阻力的作用，雾滴继续被击碎为更小的雾滴，到达作物表面，其喷射分布面积为一个空心的环形，见图4-12。

（2）扇形喷头。扇形喷头有缝隙式喷头和反射式喷头等形式，见图4-13。高压药液经过喷孔喷出后，形成扁平的扇形雾，其喷射分布面积为一个矩形。

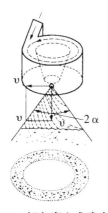

图4-12　切向离心式喷头原理

图4-13　扇形喷头

扇形狭缝式喷头的雾化原理：当压力药液进入喷嘴后，受到内部半月牙形槽底部的导向作用，药液被分成两股相互对称的液流。当两股液流在喷孔处汇合时，相互撞击而破碎，最后形成雾滴喷出，之后又与半月牙形槽的两侧壁撞击，进一步细碎，形成更小的雾滴从喷孔喷出，喷出的雾滴又与空气撞击进一步细碎，到达植物表面，其喷幅内的喷雾量分布均匀性变异系数不大于20%，见图4-14。

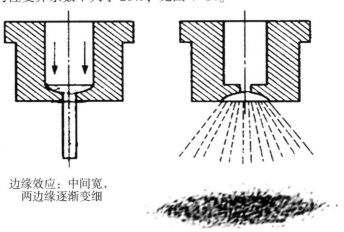

边缘效应：中间宽，
两边缘逐渐变细

图4-14　扇形喷头原理

2. 选用

一个合格的喷头，喷雾时需要施药均匀、覆盖良好，并能够避免重复喷药。农业中使用的大部分喷头常常分类为细雾滴、中等雾滴、粗雾滴或者极粗雾滴。其中，产生细雾滴的喷头通常用作苗后喷雾作业，要求在预定的区域内具有良好的覆盖能力；产生中等雾滴和粗雾滴的喷头常用于喷洒触杀型和内吸型除草剂、苗前茎叶处理除草剂、杀虫剂、杀菌剂等。扇形喷嘴具有中心液量最多，并向两端逐渐减少的特性，必须通过相邻喷嘴 30% 的重叠，即可在喷杆方向上获得均匀一致的喷雾分布。每种喷头的流量、雾滴大小和喷雾分布都有差异，但所有喷头使用时都有一个共同点，那就是都要控制喷头的喷孔，应该采用较好的制造工艺和材质。如欧洲有的标准要求喷头的流量误差小于 5%。喷头的选择，是成功喷雾的第一步，在整个喷雾过程中，选择合适的喷头和合理的操作是最重要的。为了尽量确保喷头的实际使用质量，操作者还应该合理地对喷头进行维护，以预防不良的喷雾分布；当喷头的流量变化超过 10% 时，需要及时更换新喷头。

三、发展趋势

目前，国内外植物保护机械化总的趋势是向着高效、经济、安全方向发展。在提高劳动生产率方面，如加大喷雾机的工作幅宽、提高作业速度、发展一机多用、联合作业机组，同时还广泛采用液压操纵、电子自动控制，以降低操作者劳动强度；在提高经济性方面，提倡科学施药，适时适量地将农药均匀地喷洒在作物上，并以最少的药量达到最好的防治效果。要求施药精确，机具上广泛采用施药量自动控制和随动控制装置，使用药液回收装置及间断喷雾装置，同时还积极进行静电喷雾应用技术的研究等。此外，更注意安全保护，减少污染。随着农业生产向着深度和广度发展，开辟了植物保护综合防治手段的新领域，生物防治和物理防治器械和设备将有较多的应用，如超声技术、微波技术、激光技术、电光源在植保中的应用及生物防治设备的开发等。

第三节 高效植保机械化装备及技术要求

随着"机器换人"步伐的加快，广大农村逐步淘汰以手动背负式机械为代表的大剂量、粗放式、高劳动强度的植保技术，大力推广高效远射程宽幅喷雾、精少量施药、静电喷雾、农用植保无人机等高效植保机械化技术，动力喷雾机、喷杆喷雾机和植保无人机的广泛应用，为集约、精准、绿色和生态农业提供重要支撑，大大提高工作效率和药效，减轻劳动强度和农药使用量，为实现"虫口夺粮""稳粮增收"和保证粮食安全作出了积极贡献。

一、机动喷雾机

(一) 常见类型

常见的农田用机动喷雾机主要有担架式、框架式和推车式等，见图4-15。

图 4-15 担架式、框架式和推车式机动植保机

使用时，在田埂用人工抬或手推机器，用几个人工通过数十米的高压输送管道和喷枪将药液喷洒到田间，见图 4-16。具有就地吸水、自动混药、射程远等特点，广泛用于大面积农作物喷洒作业。缺陷：用工多，高压水管接头易破损和侧漏，高压药水管长距输送，容易对施药作物形成拖带打击作用，影响药液在作物表面的吸附，造成药液流失和药效损失。

图 4-16 机动植保机田间植保作业

（二）一般结构和工作过程

机动植保机其结构以担架、框架和推车为机架基础，将发动机、高压液泵安装在机架上，部分机型直接将水箱、输水管等安装在机架上，机动性更好。发动机是喷雾机的动力来源，多采用小微型四冲程汽油机带动三缸柱塞（活塞）泵，通过离合器、皮带与柱塞泵连接，柱塞泵是该机的核心部件，柱塞泵的各项参数直接影响整机的性能，喷射部件完成雾化喷洒工作，见图 4-17。

工作时，发动机驱动液泵通过高压水管输出高压水流，并在高压水流出水口分出吸药器支管，高压射流产生负压吸取高浓度母液，混合后的药液经长距离耐压输送管输送至组合式喷枪射出，多喷头以扇形雾和圆锥雾相结合产生远、中、近的直射雾液，有效射程 15~20m。

（三）机动喷雾机主要技术参数

以 3HH-75K 型框架式机动喷雾机为例，见表 4-1。

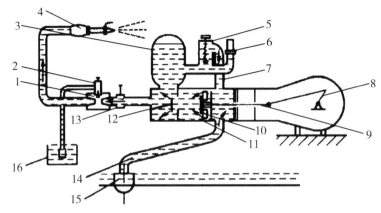

1-混合器　2-混药器　3-空气室　4-喷枪　5-调压阀　6-压力表　7-回水道　8-曲轴　9-活塞杆
10-活塞　11-泵筒　12-出水阀　13-流量控制阀　14-吸水管　15-吸水滤网　16-母液桶

图 4-17　高效机动喷雾机结构示意

表 4-1　3HH-75K 型框架式机动喷雾机主要技术参数

项　目	参　数
外形尺寸（长×宽×高）（mm）	1 050×640×650
结构型式	框架式
配套动力型号	HH188 四冲程单缸汽油机
配套动力功率（kW）	7. 35
配套动力转速（r/min）	3 600
配套泵型式	三缸柱塞泵
配套泵工作压力（MPa）	1. 5~3
配套泵流量（L/min）	60~90
配套泵转速（L/min）	900
喷枪喷量（L/min）	15~30

（四）技术要求

（1）水源。使用清洁的水源，使用前将吸水滤网浸没于沟渠水下或水箱中，在田间吸水时应经常清除滤网外的水草。

（2）卸压。启动前，将调压阀调节到较低压力的位置，再把调压手柄扳到卸压位置。

（3）开机。启动发动机，低速运转 10min 左右，若见有水喷出，且无异常声响，可逐渐调高至额定转速。然后将调压手柄扳至加压位置，并逐步旋紧调压阀升高压力，使压力指示器指示到要求的压力。田间作业时，使用中的液泵不可脱水运转，以免损坏部件（胶碗、活塞等），在启动和转移机具时尤其要注意。

（4）试喷。用清水试喷，观察各接头处有无渗漏现象，喷雾状况是否良好，混药器有无吸力。

（5）混药器调试。使用时应先进行调试，液泵的流量、压力正常，吸药滤网处有吸力时，把吸药滤网放入事先稀释好的母液内开始混药作业。如喷雾机自带大水箱已经混合好药液，则不需要使用混药器。

（6）喷洒。喷药时喷枪不可直接对着作物喷射，以免损伤。单头喷枪喷近处作物时，应按下扩散片，使喷洒均匀。当喷枪停止喷射时，必须在降低液压泵转速后才可关闭截止阀，以免损坏机具。

（7）清洗。用后要用清水清洗高压液泵、输药管、喷枪等，以防腐蚀。

二、喷杆式喷雾机

喷杆式喷雾机是一种更加高效的田间植保施药机械，自身配置发动机和行走底盘的叫自走式，用拖拉机挂接可折叠长喷杆的喷雾系统叫背负式。除了植保喷雾作业外，自走喷杆式喷雾机也可以不用喷雾系统，加装撒肥装置用于播种和撒肥作业。

（一）主要构成和特点

自走喷杆式喷雾机由发动机动力系统、行走底盘系统、驾驶及操控系统和可折叠长喷杆喷雾系统组成。施药机构主要包括药液箱、液泵、喷头、防滴装置、搅拌装置、喷杆、桁架及管路控制系统等。具有作业效率高、劳动强度低、机械化和自动化程度高、使用方便、通过性好、适用范围广、施药施肥精准高效等优点，能有效提高药、肥利用率，减少农药、肥料使用量和对环境的污染，可满足大田农作物施药（施肥）农艺要求，对多种作物的早、中、晚期植保化控、施肥、喷洒叶面农药等都能适应。不管是在松软的土壤中作业，还是爬坡过埂，都不会形成死角而导致无法作业。同时，还可使农药进行二次雾化，雾化效果好，让农药均匀地喷洒在植株各个部位，保证了喷药效果。缺陷是离地间隙高、头重脚轻，操纵不灵活，甚至侧翻引发安全事故，见图4-18。

主要特点：药液箱容量大，喷药时间长，作业效率高；喷药机的液泵，采用多缸隔膜泵，排量大，工作可靠；喷杆采用单点吊挂平衡机构，平衡效果好；采用拉杆转盘式折叠机构，喷杆的升降、展开及折叠，可在驾驶室内通过操作液压油缸进行控制，操作方便、省力；可直接利用机具上的喷雾液泵给药液箱加水，加水管路与喷雾机采用快速接头连接，装拆方便、快捷；喷药管路系统具有多级过滤，确保作业过程中不会堵塞喷嘴；药液箱中的药液采用回水射流搅拌，可保证喷雾作业过程中药液浓度均匀一致；防滴喷头采用优质工程塑料或陶瓷制造，保证雾化效果，见图4-19。

图4-18　自走喷杆喷雾机

图4-19　自走喷杆喷雾机植保作业

（二） 自走式喷杆喷雾机主要技术参数 （表 4-2）

表 4-2 3WPZ-700A 自走式喷杆喷雾机主要技术参数

项　目	参　数
外形尺寸（长×宽×高）（mm）	4 550×1 820×2 900
整机净重（kg）	1 780
药箱容积（L）	700
轮距（mm）	1 520
有效离地间隙（mm）	1 050
驱动方式	四轮驱动
转向方式	四轮转向，可切换两轮转向，后轮可电动调直
发动机	水冷 4 冲程 3 缸立式柴油机
额定功率［kW/PS/（r/min）］	36.8/50/2 400
行走速度（km/h）	17
工作速度（km/h）	3~11
工作效率（亩/h）	50~200
变速段数	HST（无级变速）或主变速+副变速
液泵形式	隔膜泵
液泵工作压力（MPa）	2.5~4
喷嘴形式	扇形喷头
喷嘴数量	23
流量（L/min）	60
喷幅（m）	12

（三） 高效机植保技术要求

1. 人员防护

操作人员作业过程中应戴口罩、手套，穿长袖衣并扎紧袖口，穿长裤和鞋袜；禁止吸烟和饮食；作业后用肥皂洗净手、脸。

2. 机具检查

检查机具部件是否齐全完整；各连接部件是否紧固；旋转运动件是否灵活，密封处有无漏药、漏油、漏气，供油、供药是否畅通。

3. 润滑检查

各注油点应加注规定的润滑油；有油面高度要求的部位，应确保在规定油面的高度范围内。

4. 喷雾机校核

（1）确定施药液量。根据农药标签指导用药量，农艺要求和田情实际，以及气象条件来确定施药液量。

（2）初步确定作业速度。按田间和喷雾机状况，一般全面喷洒 4~8km/h。

（3）选择喷头类型和型号。多行喷雾机具应根据作物行距的要求配置喷头，保证不漏喷、重喷，不发生药害。一般喷雾机上已确定喷头类型，并安装好了喷头型号。

（4）测算作业速度。一般在田间采用百米测定法实地测算。也可以根据测定的喷药量，确定行走速度，计算公式如下。

$$V=\frac{A\times667}{B\times C\times1\,000}$$

式中：V——机具行走速度（km/h）；A——实际喷药量（L/h）；B——额定用药（L/亩）；C——有效幅宽（m）。

计算的行走速度过高或过低时，实际作业有困难，可通过流量开关，直接改变喷药量，以适应行走速度。

（5）确定工作压力。柱塞泵工作压力为 2.5~4MPa，根据不同喷头的类型和使用指南确定喷雾压力，常用喷雾压力为 0.15~0.6MPa。

（6）试喷。正式喷雾作业前，用清水试喷，通过试喷检查各工作部件是否正常，有无渗漏或堵塞，喷雾质量是否符合要求。喷雾质量检查主要包括雾滴在作物上的覆盖密度、雾滴均匀度和施药量等。当喷杆高度过高时，相邻雾面搭接过多，有些沉积部位药液沉积量过大，造成整个喷幅面沉积量不均匀，且小雾滴从高处降落相对受气流影响大，更容易飘失；当喷杆高度过低时，相邻雾面因搭接不上而漏喷，或搭接过少，地面不平喷雾机颠簸，也易造成漏喷；适宜的喷杆高度，相邻雾面搭接不多，地面受药最为均匀，见图 4-20。

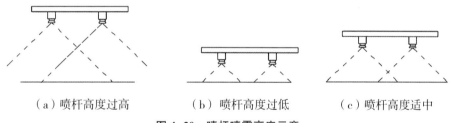

（a）喷杆高度过高　　　　（b）喷杆高度过低　　　　（c）喷杆高度适中

图 4-20　喷杆喷雾高度示意

（7）测定各喷头的喷量。在不同喷雾压力条件下，常见喷头流量为 0.96~2.5L/min，实际上需应用秒表和量杯等，检测喷头喷量，喷量偏差不应超过喷头喷量平均值的±10%，否则更换同型号喷头。

（8）校核施药液量是否符合要求，计算公式如下。

$$Q=\frac{G\times600}{B\times V}$$

式中：Q——施药液量（L/hm²）；G——所有喷头的喷量（L/min）；B——喷雾机作业幅宽（m），V——作业速度（km/h）。注：G = 单个喷头喷量（L/min）×喷头个数。

5. 开始作业

机具进入作业地点后，应先使喷雾机的压力泵正常工作，达到规定的工作压力后，打开喷药开关起步喷药。工作时应注意观察仪表，经常检查，保持喷头所需的喷液压力。作业中发现故障，必须熄火停车检查排除。

6. 行走路线

一般采取梭形行走法，按规定的行走速度匀速行驶，以保证单位面积上的喷药量，避免重喷和漏喷。

7. 及时排除故障

喷雾机主要故障包括喷头磨损、喷杆变形、液管破损、过滤器堵塞、药液滴漏及压力表不能正常指示等。每台喷雾机应备足配件，尤其是喷头部件，在田间作业时，发生喷头堵塞要及时更换，避免在田间清理喷头，以免造成药害和污染。

8. 维护保养

喷雾机应定期清洗维护和保养。每天作业完成后，药箱内加入适量清水，使泵运转，清洗药箱、液泵及整个管路系统，以减少残留药液对机具的腐蚀，最后将剩余水放尽，并妥善处理。改换药剂品种和不同种类作物时，更要注意彻底清洗。在除草剂的应用中，最难清洗的是 2,4-D 类型的药剂，必须先用大量清水冲洗后，再用 0.2% 的苏打水加满药箱，并使泵管路和喷头都充满水，浸留 12h 左右排出，最后再用清水清洗。也可用 0.1% 活性炭悬浮液浸 2min，再用清水冲洗。作业结束后，药箱、管道、滤网等用清水洗净。晾干后，对转动部件加油润滑，放置阴凉干燥处保管。每年作业结束后，将喷雾机彻底清洗后晾干，金属部件涂油保养，防止生锈和腐蚀。在冬季来临前将药箱及所有管路中液体彻底放干净，做好防冻工作。

三、自走喷杆式静电喷雾机

动力机喷雾都是依靠喷射动能和空气运载以及重力等作用，将药液喷到靶标植物上，并附着在其表面。这种喷洒方式仅有少部分农药附着在植物冠表面上，绝大部分药液或药粉都流淌或散落到地面上。一般喷施农药的有效利用率只有 20%~30%，而真正到达害虫体的药量不到施药量的 1%。换言之，99% 以上的农药不仅未发挥杀病虫作用，反而变成了环境污染源，由此带来的农药浪费、环境污染、经济效益欠佳等问题比较突出。为了提高农药有效利用率、减少浪费和环境污染，降低施药成本（人力、农药、能源、时间），提高综合经济效益，研究和开发高质量的农药静电喷雾技术具有较好的发展和应用前景。目前，静电喷雾技术虽然研究和试验了多年，但仍然未达到人们所期望的程度。

1. 静电喷雾技术

静电喷雾技术是利用静电发生装置给雾滴荷电，使其更容易吸附于靶标正反面，提高雾滴的附着能力，同时有利于提高雾滴的沉积量和分布均匀性。植保静电喷雾器主要由静电喷嘴和静电发生器两部分组成，其工作原理是应用高压静电，在喷头与作物之间形成一个高压静电场，当药液经过喷头时产生了高压静电，药液经喷头雾化，雾滴充上电荷；荷电雾滴在静电场力和其他外力的联合作用下，雾滴作定向运动，且喷洒均匀，使靶标都能均匀地吸附雾滴，见图4-21。

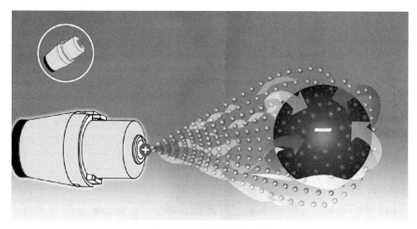

图4-21 静电喷雾示意

2. 静电喷雾的优势

（1）成本优势。雾滴粒径细微均匀，靶标正反附着率高，沉积量大；雾滴带电荷，激发药剂活性，农药利用率大幅提高至50%~60%；节水减药50%以上，减水减药不减效；降低设施大棚内湿度，农作物发病率低；高工效杜绝频繁加水加药，作业效率可达普通产品的3~5倍；不需要使用特殊药剂，常规药剂、常规稀释按倍数施药，操作简单（图4-22）。

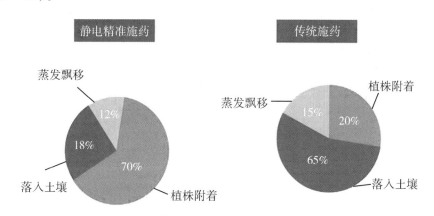

图4-22 静电喷雾和传统喷雾施药效果对比

（2）性价比优势，见表4-3和表4-4。

表4-3 静电施药方式和传统施药方式性能对比

施药方式	是否电荷	雾滴粒径（μm）	单喷头出水量（L/min）	农药利用率（%）	平均换药次数比	平均作业效率比	平均人工投入比
传统方式	否	≥200	1.5~2	15~25	1.6	1	5
静电方式	是	30~100	0.18~3	50~65	1	3	1

表 4-4　不同静电施药方式性能对比

技术来源	高性能静电	传统静电
静电发生技术	感应式	浸入式、电晕式
荷电方式	通过感应电场荷电	通过高压电极直接给药液荷电
静电吸附效果	雾滴粒径控制在 30~100μm，荷质比高，静电吸附效果极佳	雾滴粒径远远大于 100μm，荷质比低，静电吸附效果差
安全性	安全电压，极低电流，绝对安全	几万伏高压，高电流，一旦漏电，轻则产生触电感，严重时甚至危及生命

3. 装备介绍

四轮转向四轮驱动，前后差速锁，离地间隙 950~1 100mm；配置悬浮式座椅、夜间工作灯、快速脱困器、驾驶舱及风扇，配套动力 14.2kW（19.3 马力）原装久保田柴油发动机；药箱容积 350~420L，额定流量 8~10L/min，原装意大利隔膜泵，工作压力 0.25~0.35MPa；喷杆长度 12.8m，农药利用率>50%；高压静电喷雾技术，静电喷嘴数 24 个，药箱内原装进口射流器，原装意大利五级过滤，可选装佐佐木液压升降式撒肥机；行走速度 0~18km/h，作业效率 30~60 亩/h，一天可施药 400 亩（按8h计），见图 4-23。

图 4-23　高性能静电喷杆喷雾机

4. 应用效果

这种新型高性能静电喷雾机已在黑龙江、内蒙古、河北、江苏等地实际应用。以江苏琼港农场为案例：2018 年，在琼港农场相邻两块各 105 亩（各由三块 35 亩田地组成，地形相似）的水稻田进行整季节施药试验示范。最终试验示范结果表明，较之同类植保机械，在农药浓度、喷幅、作业速度相同条件下，静电精准施药在达到防治效果的前提下农药利用率至近 60%，提高了 3 倍，见表 4-5、表 4-6。

表4-5　不同施药方式技术参数对比

施药方式	单喷头出水量（L/min）	喷头数量（个）	喷幅（m）	雾滴粒径（μm）	药箱容积（L）	单次换药周期（次/min）	单次注水加药时间（min/次）
传统施药	1.5	24	12.8	200以上	500	15	15
静电施药	0.4	24	12.8	30~100	420	45	10

表4-6　不同施药方式作业性能参数对比

施药方式	农药浓度	作业速度（m/min）	每天8h（含换药时间）连续作业效率（亩/d）	亩用药水量（L/亩）	农药利用率（%）
传统施药	正常	50	230	30	20
静电施药	正常	50	325	10.4	60

四、植保无人机

病虫害是制约粮食产能的重要因素之一，随着防治手段升级，我国作物病虫害情况更是呈现出多样性、抗药性和暴发性趋势，这对防治技术提出了更高的要求。近年来植保无人机在病虫害防控中已表现出明显优势，发展前景备受关注。

1. 装备介绍

植保无人机是用于农林植物保护作业的无人驾驶飞行器。无人机技术借助于全球定位系统（GNSS）、地理信息系统（GIS）和计算机图像识别系统等，由飞行平台（固定翼、直升机、多轴飞行器）、导航飞控、喷洒机构三部分组成，通过地面遥控或导航飞控，可以实现RTK厘米级精准定位、自动避障和全自主作业，可以喷洒液剂、种子、粉剂等，见图4-24。农用无人机的推广，可以解决精准施药的问题，也可以解决农药中毒的隐患，更可以提高农产品的产量和质量，节省农药和水，缓解了植保作业劳动力匮乏的压力，顺应了农业应用上的刚性需求。

图4-24　多旋翼植保无人机

2. 优势

（1）高效作业。飞防效率较传统植保方式高，针对大田作物，每天作业量可达500~700亩；而一个成年人使用背负式喷雾器每天作业面积15亩左右，无人机的效率是人工的50倍左右。

（2）节水节药，减少污染。植保无人机使用低容量或超低容量施药，农药配比兑水量较传统作业少，用水量比常规施药方式减 90% 左右。此外，植保无人机农药利用率高于常规的施药工具。目前，传统工具农药的平均利用率在 30% 左右，而植保无人机可达到 50% 左右。

（3）安全性高。无人机施药实现了人、药分离，减少了人直接接触农药的概率，从而降低施药人员中毒的可能。

（4）防治效果好。目前植保无人机主要使用型号较小的液力式喷头或离心式喷头，喷头雾化后雾滴粒径较小，可增加药液的覆盖面积。并且无人机旋翼可产生下行气流，便于打开作物冠层，将药液喷洒到作物中下部，防治效果良好。

（5）地形适应能力强。常规施药器械难以进入水田、高秆作物地块、丘陵、山地等地形作业，但使用植保无人机的手动作业模式和一键航测自动作业模式，可适应复杂地形。定高和避障雷达系统遇到障碍物能保障作业安全性，遇不平整田块，手动调整高度会有喷洒不均匀的现象，配备几台定高雷达，飞行时可自动定高，不用担心地形影响喷洒质量。

（6）智能化精准作业。支持智能化操作、精准喷洒和远程机队管理，满足多种作业环境需求，全面提升植保效率。每次作业前，通过测绘无人机航测或人工拿着遥控器绕农田走一圈，就能规划好航线，设置好喷洒参数和作业模式，上传到植保无人机后，就能开始自动作业。配备的管理平台能实时查看每台飞机的状态和作业进度，可以直接统计工作量。还能把已经规划的任务指派给飞手，飞手也可以直接调用数据，对相同地块实施作业。

3. 植保无人机主要技术参数（表 4-7）

表 4-7 高性能植保无人机主要技术参数

项　目	参　数
GNSS/RTK 双频段（mm）	水平±100，垂直±100
最大作业飞行速度（m/s）	7
最大可承受风速（m/s）	8
最大飞行海拔高度（m）	2 000
作业箱容积（L）	额定：15.1，满载：20
作业载荷（kg）	额定：15.1，满载：20
喷头数量（个）	8
最大喷洒流量（L/min）	3.6~6
雾化粒径（μm）	130~300
有效喷幅（m）	4~7（距作物高度 1.5~3m）
定高及仿地跟随	高度测量范围：1~30m；高范围：1.5~15m；山地模式最大坡度：35°
避障系统	自动避障，RTK 精准定位；可感知距离：1.5~30m；视角（FOV）：水平 360°，垂直：±15°安全距离：2.5 m；避障方向：水平方向全向避障
电池型号	AB3-18000mAh-51.8V
遥控器定位	GNSS 双模（带 RTK 测绘模块）
显示屏	分辨率 1 920×1 080，Android 系统，运行内存 4GB，存储空间 32GB，最大支持 128GB 容量

4. 技术要求

（1）喷嘴及雾滴。农药的雾滴粒径大小、覆盖密度、药液配置浓度对杀虫剂、杀菌剂、除草剂均有显著影响，压力式喷嘴具有随着压力增大，而流量增大、雾滴减小的特性。一定范围内，对于触杀作用的农药，采用细小雾滴喷雾对农作物病虫草害能够取得更好的作业效果，雾滴粒径减小一半，雾滴数目则增加 8 倍，见图 4-25。但是，雾滴越细也就更容易产生飘移与蒸发问题，研究发现，100μm 的雾滴在 25℃、相对湿度 30% 的状况下，移动 750mm 后，直径会减少一半。考虑到植保无人机飞行高度普遍在 1.5m 以上，所以 100μm 以下粒径的雾滴并不适合飞防。因此，综合考虑飞防效果与减少飞防飘移药害，建议使用 150～180μm 粒径雾滴进行飞防作业。植保无人机飞防除草，因尽量使用能够产生粒径 200μm 以上雾滴的喷嘴，不仅不会降低作业质量，而且能够降低飘移药害风险。

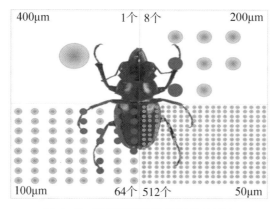

图 4-25 不同喷嘴产生雾滴效果对比

（2）气象条件。

风力影响。风力对于雾滴的沉积与飘移具有重大影响，2 级以内的微风有利于雾滴沉积且飘移距离较小，3 级以上风速会造成雾滴沉积减少且雾滴飘移增加。所以植保无人机应在 3 级以内风速作业，以避免产生飘移问题。除草剂作业为避免产生飘移药害，应尽量在 2 级以内风速作业。风力大于 4 级的天气暂缓作业，风力大于 6 级的天气严禁作业，见图 4-26。

图 4-26 植保无人机除草剂飘移药害示意

风向的影响。因为雾滴会随风飘移，所以植保无人机下风向空气当中将会存在农药成分，并且喷洒实际区域也会因为风速的大小而产生变化。植保无人机作业过程中应紧密关注风向变化。作业人员禁止处于植保无人机下风向，避免农药中毒；注意作业区域下风向是否存在对药物敏感的动植物，避免产生飘移药害。在作业除草剂、三唑类杀菌剂时应特别注意，避免产生飘移药害；如进行除草或其他敏感作业，应在田块下风向边缘区域设置安全隔离区，避免药液飘移到相邻地块产生药害；植保无人机作业航线应与风向保持平行，避免受到侧风影响，减少雾滴飘移，见图4-27。

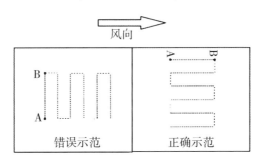

图4-27 植保无人机作业路线示意

温度与湿度影响。温度对于药液的效果至为重要，低温有可能导致药效不佳，0℃以下的低温甚至有可能产生药害。而温度较高，将造成药液蒸发加快，雾滴的沉积量减少。因为不同药剂的温度特性相差较大，所以农药适应的温度差异也较大，但总体应在15~30℃进行作业。应禁止在0℃以下、35℃以上进行作业。湿度较低会导致雾滴的蒸发加剧，所以在湿度较低区域作业应避免在高温时段作业，以降低药液蒸发。应避免在温度30℃以上、湿度40%以下区域作业。如在湿度较低区域作业应稍提高亩用量、增大雾滴直径、加入飞防助剂，以降低雾滴蒸发。

（3）作业高度和喷幅。喷幅与植保机的设计、飞行高度有关，行距应与有效喷幅等同，才不会出现重喷与漏喷问题。行距大于喷幅会出现漏喷，反之则会出现重喷。以MG系列植保无人机为例，常见的作业高度在1.5~2.5m，而喷幅则在4~5m，正常在2m高度下的喷洒不仅分布均匀而且没有空隙和漏喷，见图4-28。在高度不足时，过低的高度使得两边的喷头所产生的雾场不能重合，中间部分存在漏喷，导致喷幅减少，作业效率降低，而且飞行不安全，植保机与作物产生碰撞的概率增加。避障雷达有效避障高度为1.5m及以上，如高度不足将造成植保机避障功能减弱或失效，摔机概率大。

（4）作业速度。飞行速度与作业质量息息相关，与作业类型、作物类型紧密联系，但是不论其他参数如何变化，作业速度通常设置在3~5m/s。正常速度范围内药液经过压力式喷头向下喷出，并通过螺旋桨的下压气流，药液稳定喷洒在作物上。这样的作业雾场稳定，药液以最快方式直达作物，减少了药液的飘移与蒸发。如飞行速度过快，一是导致亩用量降低；二是下压风场减弱，速度越快植保机的风场越混乱，雾场出现在植保机后方而非下方，大部分药液是以自然下降的方式落到作物上而非风场下压；三是飘移与蒸发加剧，雾滴由喷出至落地的时间增加，所以雾滴

MG系列植保无人机有效喷幅查询							
速度＼高度	2m/s	3m/s	4m/s	5m/s	6m/s	7m/s	备注
1.5m	2m	2.5m	3m	4m	4m	4m	高度过低，喷洒变异系数高
2.0m	2.5m	3m ✦	4m ★	5m ★	6m ✦		建议参数，建议主要采用
2.5m	3m	4m ✦	5m ✦	5m ✦			作物易倒伏或地面风沙较大情况下使用
3.0m	3m	4m	5m				尽量避免在此高度下作业，飘移与蒸发较大
3.5m	4m	5m					尽量避免在此高度下作业，飘移与蒸发较大
★ 绿色：建议使用；✦ 白色：可以使用；黄色：避免使用；红色：禁止使用							
实际应用要考虑药剂、环境、施药对象等情况							

图4-28　植保无人机有效喷幅查询

容易受自然风的影响飘移更为严重，产生的蒸发量更大。随着速度超过5m/s，旋翼风场将不能完整覆盖雾场，雾滴在植保无人机后方形成漩涡，雾滴落地的时间增加，雾滴飘移与蒸发将会增加。需要注意的是，触杀及胃毒类杀虫剂、保护性杀菌剂应保证雾滴在作物中下部的沉积量，通过适当减小雾滴粒径、降低作业速度才能够保障作业效果良好。内吸性杀虫剂、杀菌剂对中下部雾滴的沉积量及覆盖率要求比触杀类药剂要低一些，因为作物可通过内吸而达到全株着药的效果。当然，需要根据病虫害的发生部位和严重程度合理调整作业参数。

（5）亩用药量。亩用量是指每亩地块的喷洒所用药液量（并非药剂本身用量），它与水泵喷洒速率、行距、作业速度密切相关。同一个亩用量数值下，飞行速度与亩用量呈反比，亩用量越低飞行速度越快，其雾滴穿透性也越差，较高作物的中下部雾滴沉积也越少。对于高秆作物、密集作物、用水量要求较高的药剂应提高亩用量。无人机药液浓度高、喷洒均匀、下压风场好、药液利用率高，因此药液亩用量少是植保无人机的核心优势，每亩用量应控制在0.6~2L，大部分大田作物可使用1L/亩进行作业，而不是传统背负式喷雾20L/亩的药液浓度。亩用量与作物类型、密集度、生长周期、病虫害情况、用药、地域情况密切相关。高秆作物相对于矮秆作物，应提高亩用量；同样的作物，密植度更高，则需提高亩用量；同样的作物，中后期（例如水稻灌浆期）应比生长初期（例如水稻分蘖期）亩用量更高；已经发生病虫害的作物，应比预防作业亩用量更高；作业触杀与胃毒性药剂，应比作业内吸性药剂亩用量高；在病虫害总体较重的地域作业，应比在病虫发生较轻的地域作业亩用量更高（表4-8）。

表 4-8　高性能植保无人机作业参数表

作业类型	亩用药量 （L）	高　度 （m）	速　度 （m/s）	行　距 （m）	备　注
稻麦病虫 统防统治	0.8~1	1.8~2.2	4.5~6	4.5~5	长江中下游取上限，东北稻区偏下限； 拔节分蘖期降低用量，孕穗期增加用量

5. 操作常识

（1）远离人群！严禁酒后操作，严禁在人头顶乱飞。安全永远放在第一位，一切安全第一！

（2）作业田块周界 10m 范围内无人员居住的房舍，无防护林、高压线塔、电杆等障碍物。

（3）作业田块周界或田块中间有合适飞机的起落点，作业田块应有适合操控人员行走的道路。

（4）操作飞机之前，首先要保证飞机的电池及遥控器的电池有充足的电，之后才能进行相关的操作。

（5）严禁在下雨时飞行，水和水气会从天线、摇杆等缝隙进入发射机并可能引发失控。严禁在有闪电的天气飞行。这是非常非常危险的！

（6）避免航空植保药害。掌握基本的用药常识，选择正规厂家研发生产的药剂，学会小范围破坏性试验（比如用小喷壶，加大用药浓度），使用验证过的配方，不清楚的混配或者改变配方要多咨询请教，使用环保、低毒水性化农药等。

6. 无人机电池的保养

（1）远离农药，防止电池腐蚀。不正确的使用方式可使药液腐蚀无人机电池及其插头，从而导致电池短路自燃。

（2）轻拿轻放。避免电池受损切勿拎提电池的电源线，电池跌落或撞击可能导致变形受损或短路自燃。

（3）电池怕热。勿高温存储应避免阳光直射，尽可能在干燥的室温环境进行操作，以增加使用寿命。作业时，若电池存储在车厢内，避免阳光直射的同时，须保持车厢内通风。因为密闭车厢直射的位置温度可达 80℃，高温可能引起电池燃烧。植保队员应将电池放置于防爆箱内，远离易燃易爆物品，存放的环境应干燥且通风。多电池集中存放时，建议每个单元不超过 4 个电池，每个单元之间间隔 30cm 以上。

（4）正确保养电池。植保队员应定期检查电池主体、把手、线材、电源插头，观察外观是否受损、变形、腐蚀、变色、破皮，以及插头与飞机的接插是否过松。每次作业结束，须用干布擦拭电池表面及电源插头，确保没有农药残留，以免腐蚀电池。

（5）飞行结束后电池温度较高，需待飞行电池温度降至 40℃ 以下再对其充电（飞行电池充电最佳温度范围为 5~40℃）。一天忙碌的作业结束，建议对电池进行慢充。

（6）若作业淡季长期（超 3 个月）不使用电池，则必须将其存放于温度为 23℃±5℃、湿度为 65%±20% 的环境。

（7）应急处置。作业车和电池仓应常备灭火器材、隔热手套及防火钳。如因操作不慎引起电池冒烟或起火，切勿直接用水浇，应及时使用大量干沙、灭火器进行灭火。

（8）若需将使用殆尽的电池报废，应用盐水完全浸泡电池 72h 以上，确保完全放电后再进行晾干报废。

第五章　机械化干燥技术与装备

我国是世界上最大的粮食生产国，稻米产量世界第一，小麦及玉米产量位居第二。谷物含有大量水分以作为发芽之用，但谷物作为粮食时，就必须将水分含量降低到一定标准以下，才能够安全储存，含水率越低，安全储存期越长。因此，谷物收获后，为了储存、加工和保质，必须经过干燥处理。随着粮食种植适度规模经营的发展，谷物机械化低温循环干燥已成为粮食安全的重要保障手段。

第一节　低温循环干燥技术

一、谷物干燥的概念

谷物干燥实际上是通过干燥介质（如空气、红外线等）不断带走谷物表面水分的过程。如热风干燥是采用燃料、电所产生的热源对空气进行加热，再将热空气与稻谷充分接触并使谷粒加温，在激活、加速水分子运动的同时将稻谷表层的水分带走。干燥介质既是载热体又是载湿体，它将热量传给物料的同时把由物料中汽化出来的水分带走，其动因就是热空气的温度大于物料表面的温度，物料表面水分压强大于热空气中的水分压强，两者差别越大，干燥操作速度越快，见图5-1。

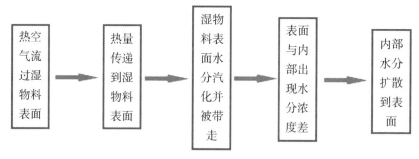

图5-1　谷物干燥原理

二、谷物干燥的方式

谷物干燥的方法主要有自然日晒干燥和机械化干燥。自然日晒干燥是我国农村传统采用的老方法，但原始的日晒干燥方式受到天气和场地等限制，与高效快速的机械化收获方式严重不适应，大批高水分的谷物如果没有及时晾晒，谷物堆积在一起，时间一长（数小时内）就开始发热，谷物品质下降，时间长的甚至霉变，造成不可估量的经济损失。机械化干燥流水线操作，自动化程度高，作业效率快，干燥效果好，一台机日处理量达到几十吨，可以有效避免湿谷堆放变质、霉变发芽，维持谷物的品质和食味，可以延长谷物存放的时间，保证粮食安全。

三、谷物干燥的影响因素

(一) 谷物干燥三要素

谷物干燥过程中的干燥介质（空气）相对湿度、风量和干燥介质（空气）温度称为谷物干燥的三要素。

1. 干燥介质（空气）相对湿度

谷物的干燥首先与干燥介质（空气）有关，空气的相对湿度（含水率）越低，其带走水分的能力越强，即干燥能力越强。

2. 风量

如果增加干燥介质的流通速度，即增加风量，同样可以提高干燥能力。

3. 干燥介质（空气）温度

通过提高干燥介质（空气）的温度，介质温度通过传导方式使谷温提升，使谷物中的水分子运动加快，谷物内部的空气水分加速向外移动，从而提高干燥能力。

(二) 谷物干燥工艺条件

选择谷物干燥条件的基本根据是原始含水率、收获方式、成熟度以及谷物的用途。粮食的原始含水率越大，它的热稳定性越差，即耐温性差。不完全成熟的粮食，它的耐温性比成熟的粮食差。新收获的高水分的谷物，由于谷粒的成熟度及含水率都不均匀，谷粒表层还未充分硬化，所以要采用较低温度的干燥条件；如果采用高温干燥条件，反而损伤谷粒，造成谷粒表面硬结，使谷粒表面的毛细管遭到大量破坏，从而不利于干燥过程的进行。因此合适的干燥工艺对保证谷物的烘后品质至关重要。

1. 小麦的干燥条件

小麦外表较松软，毛细孔较大，水分容易蒸发，干燥降低水分较快，温度掌握得好，干燥还可以促进后熟。但小麦比玉米含有较多的蛋白质，其热变性随水分增高而增大，小麦含水量越高，加热时耐温性越差，因此随着小麦干燥过程的进行，可以相应地提高小麦的加热温度。

干燥小麦时，要保证它干燥后的食用品质，保证干燥后的小麦面筋质量不降低。对不同的小麦，采用不同的干燥方法。对于软质小麦，面筋的比延伸性差，表皮松散，易干燥，小麦受热的温度控制在 60℃ 左右，干燥后面筋变强，改善了小麦品质；对硬质小麦，蛋白质含量高，面筋的比延伸性强，其表皮紧实，不易干燥，其受热温度应控制在 50℃ 以下，这样才不损伤小麦干燥后的品质。

另外，由于新收获小麦的热作用是很敏感的，遇到高温作用，因麦表皮干燥而硬化，进一步阻碍水分的转移，就导致小麦品质恶化。因此，干燥新收获的小麦时，为保证质量干燥时热风温度不宜超过 90℃，小麦的谷物温度应控制在 40~50℃。

2. 稻谷的干燥条件

稻谷是一种热敏性的作物，干燥速度过快或参数选择不当容易产生爆腰。所谓爆腰就是稻谷干燥后或冷却后，谷粒表面产生微小裂纹。它将提高稻谷碾米时的碎米率，从而影响稻谷的出米率，直接影响稻谷的产量和经济价值。因此我国干燥标准规定：稻谷干燥后爆腰率的增值不得超过 3%。

由于稻谷在干燥时其外壳起着阻碍籽粒内部水分向外转移的作用，所以稻谷就成了一种较难干燥的粮食。

因此，稻谷干燥后的品质就成为关键问题。即稻谷干燥不仅要求生产率高，爆腰率低，而且还应保证整米率高。稻谷干燥时的整米率不仅和介质温度有关，而且与空气的相对湿度也有一定关系。热风温度增加，则整米率降低，相对湿度增加，则整米率增加。为了解决稻谷干燥后的爆腰问题，一般采用干燥缓苏工艺。即干燥以后将稻谷放入缓苏仓中保温一段时间，使籽粒内部水分向表面扩散，降低籽粒内部的水分梯度。然后再进行二次干燥，这样就可以减少爆腰率。

为了保证稻谷干燥后的品质，减少爆腰率，必须采用较低的介质温度，干燥稻谷所用的热风温度，一般在 55℃以下。

3. 玉米的干燥条件

玉米的特点是收获后的水分高，正常年景玉米含水率也有 20%，有时高达 25%~30%，个别情况下的玉米含水率竟高达 35%以上。

玉米也是难以干燥的粮食品种之一，主要原因是它的籽粒大，表皮坚硬，水分蒸发困难。玉米的胚大，含淀粉较多，籽粒的果皮结构紧密而光滑，对内部水分的外移有很大阻力。当干燥速度过快，水分汽化剧烈时，表皮的变形将产生应力，胀裂表皮，裂纹率增加，品质下降。

我国玉米干燥，一直沿用塔式干燥机。这种干燥机的生产能力强，降水幅度大。干燥玉米较好的工艺条件是，热风温度 100℃，玉米籽粒温度不超过 50℃。但是由于玉米水分较高，往往在干燥作业时，设法提高干燥介质温度，这就会造成干燥后玉米的品质下降。当干燥介质温度超过 150℃时，玉米温度大于 60℃时，玉米就大量产生裂纹，品质下降。

（三）过度干燥的损失

1. 品质影响

（1）对食味的影响。谷物里面含有淀粉、蛋白质、油脂、维生素等有益健康的营养成分，但是这些营养素都怕高温，用高温来进行干燥，很容易就破坏了营养成分，也会破坏外观。所以，高水分的稻谷在高温下干燥会使稻米的品质变坏。比如含水率25%以上的稻谷在 40℃以上的温度干燥时，稻米中的葡萄糖还原糖增加，同时影响稻米食味的酶的转化率减少，脂肪和氨基酸从皮层和胚芽向胚乳外层转移，可溶性糖类向胚乳层转移，新米的香味丢失，黏性和柔韧性降低，食味下降。

（2）对谷物发芽率的影响。高水分稻谷的种芽处于诱发状态，快速降水胚芽会受损，发芽率减低，甚至烧死胚芽，稻谷就死亡。没有生命的稻谷一旦储存时间过长，同样会严重影响稻米食味和品质。

（3）对爆腰率的影响。以稻谷为例，稻谷80%的水分是在米粒中，20%是在外壳，外壳的水分可以从表层蒸发，但米粒中的水分，因为被一层蜡质种皮包裹，所以只能从胚芽端排出水分。干燥温度过高，谷物外部水分的蒸发过快，内层水分转移速度跟不上，内外层水分差异较大时，导致谷物应力集中而产生裂纹，俗称"爆腰"，碎米率增加，整精米率下降，见图5-2。如果用高温持续干燥稻谷，靠近胚芽端的水分快速排出，但后端水分还很高，形成严重水分不均，米粒应力不均，造成米粒爆腰、破碎。

图5-2　稻米爆腰

2. 经济损失

干燥谷物时，烘干终止水分的高低直接影响用户的经济效益。例如：将含水率为25%的1 000t谷物干燥到15%时，干谷重量约882t，干燥到13%时，干谷重量只剩862t。两者相比，干谷重量相差整整20t，燃料费用也增加了。如果以谷物价格为3元/kg，燃料价格为0.8元/kg元计算，过度干燥的谷物损失为6万元，多消耗的燃料费用为1.6万元，用户损失达7.6万元。谷物烘干后质量测算公式如下所示。

$$烘后质量\ G_2 = 烘前质量\ G_1 \times \frac{1-烘前含水率}{1-烘后含水率}$$

（四）干燥不到位的损失

因干燥谷物的品种、收获时间、地点和水分的差异，或因操作不当，或水分测定等不准确等因素导致干燥时间和速度调节不当，谷物干燥后，不正确的水分会直接影响储存时间。特别是水分和温度较高的谷物马上封存或运输时，可能会使稻谷发热，甚至变质等问题，造成不必要的经济损失。

四、循环式低温干燥

（一）机械干燥方式

机械干燥法（方式）根据干燥速度或干燥温度可分为快速干燥（高温干燥、冷冻干燥、真空干燥等）和低温干燥（低温热风干燥、远红外干燥）；按作业方式分为批量式、连续式和循环式（封闭循环式和分流循环式）；按烘干机内干燥介质的压力状态分为吸入式、压入式和吸压结合式；按干燥介质相对于粮食流动方向分为顺流式、顺逆流式、顺混流式、横流式（错流式）和混流式。

（二）循环式低温干燥技术

1. 概念

所谓低温循环干燥是指在干燥谷物时，热风送风温度控制最大不超过 80℃。在不同的季节或对不同的干燥谷物，干燥热风温度是有差别的。稻谷干燥采用的热风温度控制在室温 20~25℃，最高温度不高于 55℃（干燥种子不超过 40℃）。干燥过程采用循环的方法，使谷物周期性地进入干燥部和储留部，不断地进行干燥和缓苏。缓苏是指在谷物通过一个干燥过程后停止干燥，不加热不通风，保持温度不变进行合理的冷却，并维持一定时间段，使谷粒内部的水分向外扩散，降低内外的水分梯度。谷物进入干燥机作业，低温干燥、缓苏的过程是缓慢且不断循环重复的，直至达到设定的谷物含水率要求。由此可以知道，要让干燥后的谷物保持原来的营养成分和活性，就要用相对低温（接近自然）进行干燥和缓苏，并不断循环，随着谷物表层水分受热风干燥而缓慢降低，谷物内部的水分在缓苏中不断向表层移动，直至介质无法从表层带走水分，谷物内部与外部水分逐步达到平衡，让谷物表里、米粒前后端的水分及温度均化。

2. 谷物的低温干燥的优点

（1）有利于储藏。机械化低温干燥均匀性好，适宜的低水分有利于谷物长期储藏，见表 5-1。

（2）可减少自然灾害损失。收获季节，由于农时紧张，阴雨天气较多，农村没有晾晒场地等因素，谷物适期收获，自然晾晒比较困难，易造成谷物堆积高温变质或霉烂损失。采用机械干燥可不受气候影响，减少自然灾害造成的损失。

（3）可提高谷物品质。自然晾晒由于受到气候和场地等制约，无法保证干燥质量，采取低温循环式干燥谷物，可以按照一定的调制规律，逐步去除谷物水分，提高干燥后谷物的品质。

（4）可增加经济效益。采用谷物低温干燥技术，生产出的优质粮，按照稻谷增加 0.15 元/kg 左右的纯收入，每亩 650kg 产量计算，每万亩稻谷可创收 100 万元左右。

表 5-1　不同含水率稻谷的储藏时间

稻谷含水率（%）	储藏期限
24 以上	数小时
22	数小时至 1d
21	3~5d
20	10d
19	15d
18	15~20d
17	20~25d
16	30d
15	半年
14	1 年
12	2~4 年

注：粮食部门收购储存谷物的含水率标准：粳稻≤14.5%、籼稻≤13.5%，小麦≤12.5%，玉米≤14%，也就是粮食部门将上述水分值作为粮食安全储存水分。

第二节　低温循环式谷物干燥装备及技术要求

目前最广泛应用的稻谷干燥为低温循环式热风干燥，属于现代智能机械化干燥技术，计算机程序控制是低温循环式干燥的一个重要特征。采用先进的计算机控制技术，通过控制核心部件——控制箱（或称控制柜）以及机器所配备的室温传感器、谷温传感器、风压传感器、在线水分测定仪等设备，随时采集数据进行分析，动态调整干燥机的热风温度和循环速度，从而可以精准地控制干燥速度和稻谷含水率的均匀性，彻底防止减弱稻谷生命特征的现象发生，实际上是控制谷物内部水分向外移动的速度，保护胚芽生命活性，防止和减少破碎、爆腰。已由原来以降低谷物水分含量来减少储存霉变损失的单一目标，发展为如今在降低谷物水分含量的同时，对谷物质地进行调质，保证不降低发芽率，提高谷物内在品质、整精米率和外观，最终达到提高粮食（种子）附加值的目的，同时还可以有效地节省能源。

一、低温循环干燥机

（一）总体结构

常见的低温循环式干燥机的机械部分为塔式长方体结构，自下而上分别为下本体、干燥部、缓苏（储留）部和顶部，加上提升机、控制箱、吸引风机和热源，成为低温循环式干燥机的主要组成部分，见图 5-3。

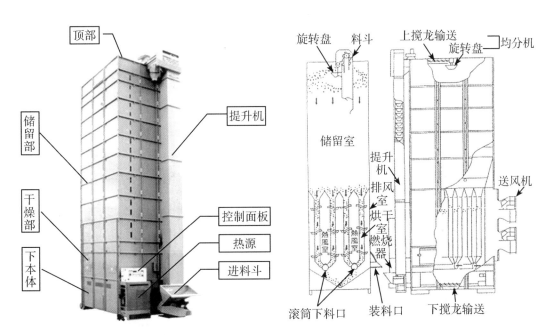

图 5-3　谷物低温循环干燥机实体及构造剖面

（二）工作过程

低温循环式粮食干燥机采用低温、大风量、多通道、干燥加缓苏的工艺进行干燥，其作业流程见图 5-4。

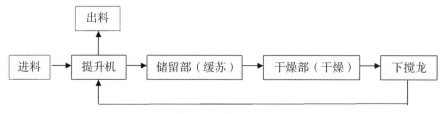

图 5-4 谷物低温循环干燥机工作流程

常见有多台烘干机组成一个工作组合建成的烘干中心，大型烘干中心一般由多个组合的烘干机组成。干燥机工作前，将待干燥的湿谷装入进料斗，湿谷经输送带进入入料地坑后，由提升机向上输送至干燥机顶部，直到装满整个干燥机。谷物储留部位于干燥部之上，是干燥机上体积最大的部分，其主要作用是贮存谷物并"缓苏"，谷物内部水分逐步向外移动，高水分谷粒上的水分向低水分谷粒上移动。干燥开始，谷物缓慢下落，由缓苏部流经干燥部进行热风干燥。下本体做为低温循环式干燥机的机架，是干燥机最主要的机械传动部分。下本体内的循环排粮机构是完成谷物循环的执行机构，通过排粮机构与下搅龙将干燥的谷物排出下本体并输送进提升机下部，再由提升机向上输送，由上搅龙横向均匀撒下，分布于储留部，经过一次干燥后的谷物在储留部（缓苏）一段时间后，再次流往干燥部受热干燥，如此反复循环直到达到设定的水分值，见图 5-5。

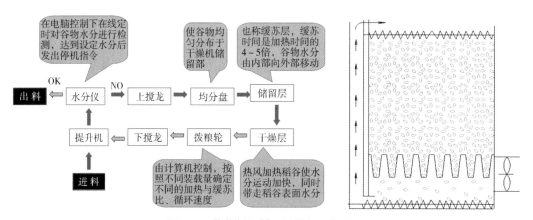

图 5-5 谷物低温循环干燥机工作原理

（三）主要工作部件

1. 干燥部

干燥部的中部上下贯通设有纵向四槽或八槽粮食通道，粮食通道板壁为冲孔筛板，粮道厚度一般为 0.25～0.45m，通道的两侧从左到右依次间隔设有多道进风道和排风道，通过安装在下本体上的热风通道和另一端吸引风机完成对冷空气加热，以及冷、热空气的输送与分配。谷物干燥时，粮道中的粮食不断向下流动，热风的流向与粮食的流向垂直，加热的空气由热风室横向穿过谷层和透风筛板，经排风室和排气窗被排出机外，热气流通过干燥部粮道内的谷层，带走谷物多余的水分，使谷物得到干燥。吸引风机作用是为谷物提供源源不断的干燥热气流，并将通过干燥部谷物层后的湿空气排出干燥机，见图 5-6。

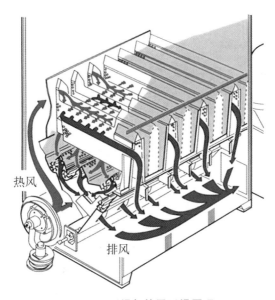

图 5-6　干燥部热风干燥原理

2. 循环排粮机构

循环干燥主要通过循环排粮机构控制谷物的流动速度（也称为循环速度），它与干燥部的结构尺寸直接决定干燥缓苏比，是干燥机的重要技术参数，也是影响干燥质量的重要参数。因此，它既要保证谷物循环的流动顺畅，不能产生堵塞，又不能使谷物产生机械损伤，造成破碎或影响胚芽。循环式干燥机的循环排粮机构一般分为槽轮式循环排粮机构和回转筒式循环排粮机构，见图 5-7。回转筒式循环排粮机构的回转筒进料口宽大，所以对干燥物料的适应性更好，机械损伤更小。为使循环排粮机构循环流畅，一般要将被干燥的谷物经过清选设备进行初清处理，清理筛应能在满负荷条件下连续工作不小于 24h，清理筛的产量应不小于 50t/h，筛面堵塞面积不超过 20%，清杂率 ≥95%。

3. 控制箱

谷物干燥机由控制柜自动控制干燥工作全过程，干燥过程的自动控制对保证谷物烘后品质，降低干燥作业成本及提高生产率具有重要意义，而快速、准确的测量谷物水分是实现谷物干燥过程自动控制的关键。主要包括对在线自动水分仪、温度传感器及风压传感器传输来的数据进行分析后，对热风温度、风量、排粮循环机构及提升机的开闭运行进行操控，见图 5-8。

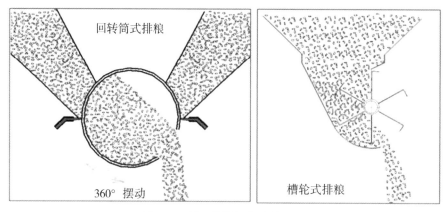

图 5-7　循环排粮机构排粮示意

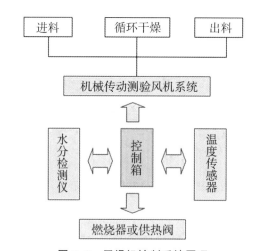

图 5-8　干燥机控制系统原理

　　低温循环式干燥机多采用的是电阻式水分仪，电阻式谷物水分传感器是基于水易导电而干燥的谷物难以导电这一物理性质来测量谷物水分的，当谷物中的水分含量不同时，谷物的导电率不同，谷物水分含量低，电阻值高；水分含量高，电阻值低，并随着水分含量的增加逐渐减小，因而通过传感器测得谷物的电阻值，即可间接测得谷物水分含量。由于水分仪在循环干燥过程中按照指令不断检测谷物的水分，所以也称为"在线（生产线）自动水分仪"。在线水分测定仪的传感器分别安置在干燥机的入口和出口，实时在线检测进入和流出干燥机的谷物含水率。检测过程如下：首先设定干燥机传送带变频调速器转速，使粮食均匀流入干燥机，并设定热风流量和温度，使粮食通过干燥机干燥后，水分含量基本接近需要的设定温度，如果偏差较大，则调整进热风的风速或热风温度，一旦确定后，就使热风保持稳定。

　　4. 烘干机安全装置

　　（1）满粮传感器：能自动检测粮食是否装满，装满后控制系统报警。

　　（2）热风温度传感器：能实时检测并显示热风温度。

（3）定时开关：具有定时功能，可以通过设定时间来控制烘干。

（4）异常过热：控制系统能自动检测最高热风温度，超过安全值时可报警。

（5）应具有整机故障报警装置。

二、低温干燥技术性能及要求

1. 谷物含水率及干燥温度的在线自动检测与自动控制技术

在干燥过程中的自动控制是利用现代测控技术及计算机技术，自动测定谷物水分，并按照水分高低及均匀度情况自动调整热风温度与干燥时间。水分仪是干燥机关键控制仪器，一般由取样检测传感器与操控显示器两部分组成，在许多干燥机上，水分检测及控制系统采用一体化，即操控显示器部分与干燥机控制箱设计成一体，通过它可以设定被干燥谷物的种类、最终水分及误差补偿，同时在干燥过程定时定量地对被干燥谷物进行抽样、测定水分，并将数据传送到控制箱进行分析，在水分达到要求后自动停机。

2. 供热量与排风量的合理配置技术

供热量与排风量的合理配置关系到干燥的速度、质量，直接影响热风温度及稳定性。风量大则带走的水分多，但在加热干燥情况下，太大的风量也会将热量带走而造成能源浪费。所以在不同环境气温和湿度下，风量直接关系到干燥效率和使用成本。谷物烘干机烘干试验表明，在相同的热风温度和相同的谷物含水量条件下，风量越大，烘干速率越高，烘干时间越短，但是能耗也随之增加。如果风量过大，不仅不会加快烘干速率，反而会增加热量消耗和电耗。因此，合理地选择风量在粮食烘干机中具有重要意义。

3. 谷物的受热时间与缓苏时间之比（循环/缓苏比）

谷物流经干燥机干燥部时，经加热的干燥热空气在风机的吸引下穿过谷物并将谷物表层的水分带走；在循环装置的作用下谷物流出干燥部进入储留部缓苏休整，使谷物内部的水分向外转移，等待进入下一个加热干燥过程，见图5-9。设计合理的干燥时间和缓苏休整时间是保证谷物在最佳状态下（高效节能、谷物保持良好的生命状态、避免"爆腰"等）干燥的重要参数。通常缓苏时间是加热时间的4~5倍。

图5-9 干燥缓苏原理图

4. 降水率或降水速度

降水率或降水速度是以单位时间的降水百分比表示。这是反映干燥机生产效率的重要指标。为了保证干燥质量，国际上干燥水稻的降水速度一般应控制在每小时1%以内，否则就容易产生爆腰、降低稻谷发芽率等现象。目前绝大部分低温循环式干燥机的降水速度设定为每小时0.5%~1.0%，而且所有干燥机生产企业都以一定的百分比范围表示，而不是一个固定数值。原因是：尽管干燥机可以对干燥温度及风量等参数有效控制，但干燥速度的快慢还受到外界温度、空气中的含水率（相对湿度）等因素的影响。所以即使是同一台干燥机，如果在不同的季节、不同时间或不同地点使用，其干燥效率都会不一样。规定要求，若环境温度低于0℃，冷却的谷物温度不得超过8℃，若环境温度高于0℃，冷却后的谷物温度不得超过环境温度8℃。水稻完熟期后稻谷过期未收割，在田里已出现爆腰现象或者易爆腰品种、有大量遇冷害稻谷、碎米、秕谷混在稻谷里以及干燥啤酒麦时，需把干燥速度放到"较慢"、"慢"或"低温"挡，比对照温度要低3~4℃。一般情况下，如果谷物水分大于25%，应先采用冷风干燥，当含水率低于25%时再运转干燥机的加热系统。

5. 单位降水耗能

即被干燥物料每降1kg水所消耗的总能量（包括热能与电能），干燥机能耗指标高低取决于干燥机的结构设计、机械运动参数、干燥程序选择是否得当等因素。

6. 烘后稻谷发芽率降低值

对于性能优良的干燥机，烘后的稻谷发芽率应该不低于烘前的发芽率数值，所以此项指标应该是一个小于等于零的数值。

7. 烘后破碎率增加值

由于在干燥过程中谷物受到干燥温度的影响和循环过程中的机械损伤，破碎率一般会比干燥前有一定程度的增加。干燥机鉴定标准规定水稻、小麦破碎率≤0.3%，玉米破碎率≤0.5%。

8. 干燥水分不均匀度

由于被干燥稻谷的初始水分差异大、机器循环过程中的不均匀性或干燥机存在死角等因素，稻谷在经过干燥处理后的最终水分一般无达到绝对均匀，都会存在一定的差异。最高水分值与最低水分值之差称为干燥水分不均匀度。国家标准规定，粮食储藏安全水分值时的水分不均匀度应≤0.5%。

9. 进出料时间

为了提高干燥机的生产效率，一般希望机器的进出料时间越短越好。决定干燥机进出料时间长短的主要机器参数是由提升机皮带的现速度、料斗的大小及其在皮带上的排列密度所决定的。正常情况下，一台谷物干燥机的进出料时间应控制在40~60min。

10. 机器工作可靠性

工作可靠性也可称之为可靠性有效度，以%表示，它是机器正常工作时间与总工作时间（正常工作时间+故障与维修时间）之比。

三、作业安全检查

1. 干燥前水分检查

循环式谷物干燥机要求进机水分在30%以下为宜，如果谷物水分超过30%时，容易将烘干室堵住。特别是小麦籽粒在脱粒时容易受损伤及破碎，使谷皮增多，谷皮易黏结在干燥机内，严重时影响谷物循环。另外，对高水分小麦进行干燥，容易使小麦色泽变差。

2. 谷物清洁度检查

谷物在进机前须进行筛选，去除杂物。如果干燥谷物中的秸秆、杂草及杂物较多，会影响干燥谷物循环，直接影响谷物干燥均匀性，严重时会出现架空、堵塞或损坏机器零件。

3. 燃料安全检查

干燥机燃烧器使用的燃料为清洁的煤油或柴油，使用前需经过48h的沉淀，燃烧器滤清器一般在使用100h后要清洗一次。

4. 用电安全检查

操作盘与机体务必接上地线，以防漏电。电源线不要放置在通道上。在检查调整和维修时务必关闭电源开关，拔掉总电源插座，以防触电。

5. 运转安全检查

机器在运转过程中，不要打开燃烧器箱、吸气盖板等，避免发生烧伤或其他事故。

6. 操作安全检查

操作人员上班时要始终保持服装整齐，严格按照使用说明书的要求进行操作。凡有两人以上操作时，须先打招呼再进行开机，并不得有小孩在机器周围玩耍。

7. 预防火灾检查

在燃烧炉内部、风道内部、进气罩内网及炉箱盖上不准有积存的易燃污垢。要始终保持燃烧炉周边清洁，不得堆放易燃物品。并在干燥机旁要备有灭火器，以防发生火灾。

8. 维护保养检查

机器在使用100h左右要进行一次保养，全面检查调整提升机皮带，三角皮带的松紧度，清洗燃烧器过滤器，清理上下搅龙及机器内部的杂物。检查各转动部件及有关部位的紧固件有无松动现象。把各部位调整、紧固到正常状态。

四、使用操作

1. 装料作业

首先检查确认排料阀门是否可靠关闭，然后按下电源开关，电源指示灯亮，再按"进料"键，进料指示灯亮，同时上搅龙、提升机、下搅龙、排风机、除尘机开始运转，此时机器处于进料工作状态，可以进行进料工作，当装谷量达到上限时，满粮报警指示灯亮，报警器同时响起报警声，提示装料已满，停止装料，按下"暂停"键，机器暂停。

进料时应注意：谷物不能装得太满，否则谷物容易堵塞上搅龙，产生机器故障。提升机未动作之前，不要打开进料斗阀门装料，否则开机后会造成提升机下部堵塞。若未装满粮报警器响的机器，在装料时应有人注意机器观察窗，防止进料过多，发生堵塞。当干燥麦子时，由于麦子的比重是稻谷的1.2倍，所以要严格按照规定的批次处理量进行装料，不能与稻谷一样装满为止，否则易引起"涨库"导致机器损坏变形。

2. 干燥作业参数设定

（1）干燥热风温度设定。干燥温度取决于干燥机的机型、谷物的种类、外界温度和装料量，对此生产企业会在使用说明书或机器上特别说明。

设定温度时注意事项：稻谷的热风温度可根据稻谷品种和用户对干燥后稻谷的品质要求不同，适当偏离推荐的热风温度。一般提高温度可加快干燥速度，降低温度可提高谷物品质。干燥稻谷等粮食时，应采用较高的热风温度，一般可比干燥稻谷种子提高3~5℃，但过高会降低稻米品质。

（2）其他干燥参数设定。包括被干燥物料品名（稻、麦或其他）、干燥终止水分设定，配置计算机控制程序的干燥机要设定实际装载量及调制时间设定、不同品种水分仪测定数据有差异的需要按标准仪器设定水分差异补正数值等。

3. 干燥运转

一般情况下，当装料完成后或当循环通风干燥后，先按"停止"键，然后按"干燥"键，此时，"干燥"作业指示灯亮，同时机器的上搅龙、提升机、下搅龙、排风机、除尘机及排粮轮开始工作，当谷物干燥达到设定水分值时，机器自动停机。当谷物含水率高于25%或水分差较大（超过3%）时，需先进行通风干燥，干燥机开始运转，进入通风循环工作状态，谷物靠排风机产生的冷风和谷物的流动循环混合，使谷物水分被冷风带走，并使水分趋于均匀，这样既可降低谷物水分，又可提高谷物水分干燥均匀度，并可节省燃料。

4. 排料作业

当被干燥稻谷达到设定水分值停机时后，干燥机将自动处于"停止"状态。如要马上出料，先打开排粮阀门，可按下"排料"键，此时，"排料"指示灯亮，干燥后的谷物将从出粮管排出。出料结束后，按"停止"按钮，干燥机停止工作，并关闭总电源。

排料作业注意事项：干燥结束后，在排出谷物之前，应先确认水分是否符合要求。刚刚干燥后的谷物，水分还没有传递到稻壳上，所以手动水分仪显示的实际水分值有可能比干燥机显示的最终水分值高。用取样容器从机内取出谷物，然后比较手动水分仪测量出的含水率和水分仪控制面板上显示的含水率。根据需要，修正水分值。

第三节　配套设施

一、热源

谷物低温循环干燥机热源主要有燃料燃烧产生热能和空气能热泵两大形式，燃料燃烧又分为固体（煤、生物质等）燃料热风炉和液体（柴油）燃烧器、气体（天然气）燃烧器3大类，见图5-10。

1. 燃料热风炉

（1）燃气、柴油作为燃料，通过燃烧器燃烧产生热量，对空气进行加热，为干燥谷物提供热空气。由于可控的燃烧可以提供谷物干燥需要的热风温度，其风温稳定，易于控制。燃油和燃气烘干房烘干需要具备专门的燃烧器，天然气还要具备天然气管道及燃气供应，并配备压力罐和热交换器，燃油燃烧要符合国家规定的环保排放要求，天然

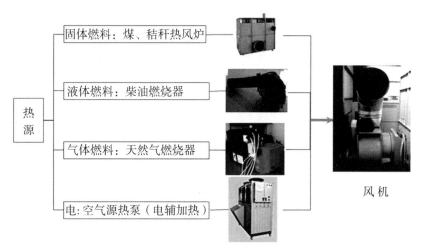

图 5-10　烘干机热源分类示意

气燃烧基本无污染和超标排放。

（2）燃料热风炉主要以燃煤和生物质颗粒等作为燃料，燃烧后产生热能加热空气干燥谷物。一台热风炉能满足多台干燥机组成一个组合的热风需求，如一台 45 万大卡热（$1.88×10^9$J）风炉通常可以供 3 台 15t 烘干机的烘干需要，大型烘干中心同时要多个热风炉供热。煤加热烘干房烘干成本低，投资小，但煤加热烘干房在烘干过程中会有废气及废渣，对空气会造成污染。同时，煤加热烘干房因为二氧化硫的排出，会对烘干物料造成二次污染，随着绿色环保的要求，燃煤热风炉逐步要被淘汰，生物质热风炉成为市场新宠。其优点如下：一是大大减少了硫化物的排放，减少了环境污染；二是节约用工成本，减轻劳动强度，在实际燃料成本相差不大的基础上，生物质热风炉由于一次性添加燃料后实现了自动添料，不需人工经常性添料，减少了人工成本，减轻了劳动强度；三是减少了烘干时间，提高了烘干机使用效率；四是提高了粮食品质，由于生物质炉燃烧均匀，热源供应稳定，保证了烘干过程的均匀稳定，提高了粮食品质。

2. 空气能（源）热泵

电力热源主要有电热型和空气热泵型，1 台电力型烘干机用电容量 70kW 以上，用电量大，需配备较大容量的变电设备，如 100t 的一个机组，需配 200kV 以上的变电设备。"热泵"是一种能从自然界的空气、水或土壤中获取低品位热能，经过电力做功，提供可被人们所用的高品位热能的装置。空气能（源）热泵是一种新型高效节能烘干设备，根据逆卡诺循环原理，采用少量的电能，以空气中的能量作为主要动力，通过电能驱动压缩机运转，利用压缩机大量吸收空气中的热能，将工质经过膨胀阀后在蒸发器内蒸发为气态，再通过压缩机将气态的工质压缩成为高温、高压的气体，然后进入冷凝器放热把干燥介质加热，如此不断循环加热，实现能量的转移。相对于纯电热烘干机而言，可以节约 2/3 的电能。

空气源热泵烘干机烘干品质好，烘干过程中温度湿度全自动控制，高温数码涡旋技术的应用将温度波动控制在 0.2° 之内，不会因为温度忽冷忽热影响品质。热泵干燥具有独特的除湿功能，可以在较低的温度下对物料进行干燥，并可使稻谷的最终含水率降到极低水平。但空气能（源）热泵的工作效能在-10℃或更低的极低温环境中会大打折扣，影响机组整体运作，无法保证供热。因此，还需配置电辅加热装置，保证寒冷季节干燥需要的热风温度。热泵型热源对空气的洁净度要求非常高，粮食烘干作业灰尘又特别多，所以要加大灰尘的搜集和净化空气的费用。

二、附属设施

1. 组成

附属设施主要用来保证谷物干燥机进料、除尘、运转和出料流程的连续性和可靠性。结构包括：电控系统、动力控制及分路电线电缆桥架；粮食输送系统（提升机及平台、皮带机及配套、启动闸门、玻璃溜管）；风机、热风和湿气输送通道；清选筛和除尘风机系统等，见图5-11、表5-2。

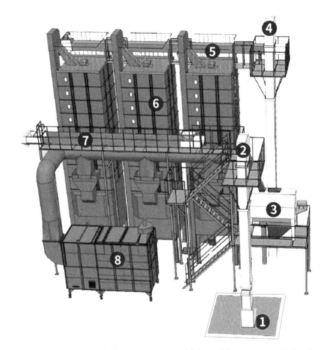

1-入料地坑　2-1#谷物提升机　3-圆筒初选筛　4-2#谷物提升机
5-刮板输送机　6-低温循环烘干机　7-皮带输送机　8-热风炉
图 5-11　谷物低温循环干燥机组合结构示意

2. 安全防护装置

（1）对操作人员有危险的外露传动、回转部件应有可靠的防护罩。

（2）平台、通廊、爬梯、塔架等应设置扶手或围栏防护设施，围（护）栏高度应≥1 100mm，爬梯距离地面3 000mm以上应安装护圈。

（3）循环式烘干机单体顶部应有上盖，并设置防止操作人员坠落的防护栅栏。

表 5-2　烘干机附属设施及性能要求（其电控制系统除外）

序号	名称	性能要求
1	下粮坑	碳钢制作，卸粮坑产量不小于 50t/h，便于高效操作，符合安全要求
2	E1 斗式提升机	新型可拆卸式胶条头轮，耐磨胶条厚度≥15mm；鼠笼式防破碎尾轮；EP 高强度带，高分子聚乙烯畚斗；提升机采用碳钢制作，机头壳体厚度≥2mm，机座壳体厚度≥3mm，机筒壳体厚度≥1.5mm；采用双列球面轴承，摆线针轮减速机；提升机机座张紧行程不小于整个张紧行程的 50%；提升机进料斗与抛料易磨损部位采用 8mm 的高分子聚乙烯耐磨衬板；提升机上下箱体分别开设检修口、观察口、泄爆口
3	E1 提升机钢架	配套提升机检修平台及爬梯、护栏等符合安全标准要求，高度≥1 100mm，爬梯距离地面 3m 以上应安装防护圈
4	双层圆筒清理筛	选用专用冲孔式耐磨钢材制作；清理筛应能在满负荷条件下连续工作不小于 24h，清理筛的产量应不小于 50t/h，连续工作 24h，筛面堵塞面积不超过 20%；粗筛筒网孔径为 16mm、14mm，细筛筒网孔径 2.0mm，清杂率≥95%，除尘风机风量≥3 000m³/h
5	清理筛钢架	配爬梯，制作材料满足使用要求，符合国家安全规定，护栏高度≥1 100mm；爬梯距离地面 3m 以上应安装防护圈
6	E2 提升机	新型可拆卸式胶条头轮，耐磨胶条厚度≥15mm；鼠笼式防破碎尾轮；EP 高强度带，高分子聚乙烯畚斗；提升机采用碳钢制作，机头壳体厚度≥2mm，机座壳体厚度≥3mm，机筒壳体厚度≥1.5mm；采用双列球面轴承；提升机下箱张紧行程不小于整个张紧行程的 50%；提升机进料斗与出料易磨损部位采用高性能高分子聚乙烯耐磨衬板；提升机上下箱体分别开设检修口位置、观察口等
7	E2 提升机平台	制作材料满足使用要求，符合国家安全规定，护栏高度≥1 100mm
8	进料刮板机	大小链轮的中心平面重合，其偏差不大于两链轮中心距的 2‰；长期运转时主机轴承温升不大于 40℃；烘干机顶部统一进料采用水平式输送，采用 2~3m 标准段。侧板钢板≥2.75mm，底板耐磨锰钢≥4mm。输送机为全封闭式，刮板采用品牌的耐磨损高分子聚乙烯材料。采用知名品牌减速器及电机，采用双排八分齿链轮机链条进行传动。统一进料刮板输送机，配有 10 个出料口、尾端溢流管道
9	气动闸门	碳钢材质。气动一键式控制，实现一键开启、关闭，可联组控制。闸门侧板采用≥2.5mm 钢板，闸上沿应有斜 45°挡料口，闸板边缘不会渗料漏料。闸门钢板应采用≥4mm 碳钢制造。配套工业强压型气缸闸板应能承受粮食压力的情况下，保证闸门的正常工作
10	空压机及气路系统	采用品牌空压，气路管道、电气控制阀等，实现一键开启、关闭及联动自动控制
11	出粮皮带输送机	输送机带宽≥500mm；输送带采用聚酯尼龙橡胶带，工作面覆盖胶层厚 3.0mm，人字花纹，非工作面覆盖胶层厚 1.5mm，耐蚀、阻燃、防静电；带式输送机的带速、托辊带式输送机的倾角、上下托辊间距满足使用要求
12	皮带机平台	配爬梯，制作材料满足使用要求，符合国家安全规定，护栏高度≥1 100mm；爬梯距离地面 3m 以上应安装防护圈
13	玻璃溜管	提升机、清理筛连接以及干谷出粮，使用角钢、玻璃制成

序号	名称	性能要求
14	辅助设备除尘风网	配套1#提升机、2#提升机、清理筛、统一出料胶带输送机接烘干机出料管的输送节点除尘 采用的除尘风机为知名品牌专用除尘风机，采用镀锌板风管进行除尘排风，除尘废气排向土建尘降室进行尘降处理
15	电控系统	配置集中控制柜；电气元件品牌标准≥正泰、施耐德、ABB；电缆采用国标线缆，含控制柜到所有设备连接线缆
16	送热风管道	镀锌风管规格（长×宽）：500mm×500mm，壁厚≥3mm；20mm厚保温棉
17	排冷气管道	镀锌风管规格（长×宽）：600mm×600mm，壁厚≥3mm
18	动力控制柜	500A，国标材质，品牌线缆
19	分路电线电缆桥架	20mm² 铜芯电缆，三相四线（动力柜到各机组）

三、干燥车间的位置要求

（1）干燥机应装在室内，要选择通风良好的厂房，通风不良，会影响干燥效果，甚至不能干燥。

（2）应将排风管通至室外，离排风口1m之内不应有障碍物；如不能将湿气排出，或排风不畅，会影响干燥效果，甚至不能干燥。

（3）应将排尘管接至室外，否则将增加干燥房内的尘土量。

（4）干燥机四周有足够空间，以方便装、卸谷物。

（5）安装干燥机的地面应平坦、坚实。

（6）干燥房应有足够高度，操作者可以方便地进出干燥机顶盖窗口。

（7）干燥机不应安装在居民区，干燥作业产生的噪声和灰尘会对居民的正常生活有较大影响。

四、建筑安装配置案例

以3台15t烘干机为一个组合的烘干车间为例，见图5-12。

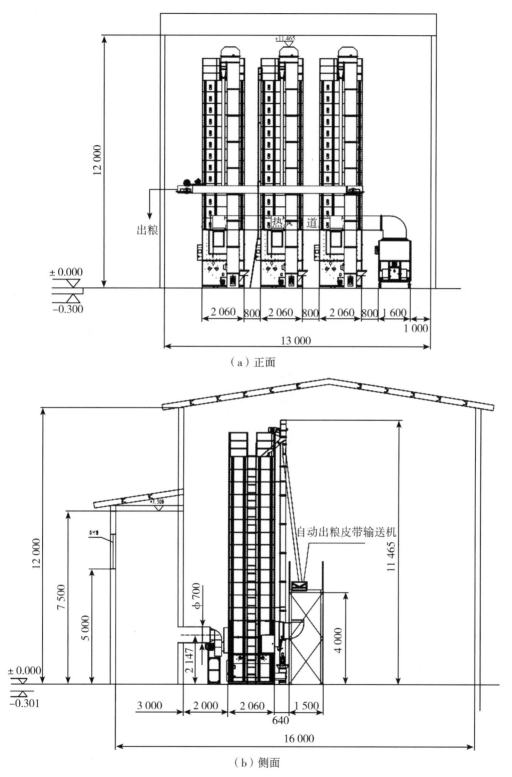

（a）正面

（b）侧面

图 5-12 谷物低温循环干燥机建筑规格实例图（单位：mm）

参考文献

黄正刚，2012. 低温循环式谷物干燥机相关知识介绍［Z］. 合肥：奇瑞重工.

江苏省地方标准，2013. 主要农作物病虫草害机械化统防统治作业规范 ICS65.020.40［S］. 南京：江苏省质量技术监督局.

江苏省基层农机人员知识更新培训教材编审委员会，2008. 江苏省基层农机人员知识更新培训教材［Z］. 南京：江苏省农业机械技术推广站.

江苏省农业机械管理局，2016. 江苏省主要农作物生产全程机械化技术与装备汇编［R］. 南京：江苏省农业机械管理局.

凌启鸿，2000. 作物群体质量［M］. 上海：上海科学技术出版社.

马涛，朱旻鹏，2018. 稻谷加工工艺与设备［M］. 北京：中国轻工业出版社.

农业部农机行业职业技能鉴定教材编审委员会，2013. 插秧机操作工（初级、中级、高级）［M］. 北京：中国农业科学技术出版社.

全国农业技术推广服务中心，2010. 植保机械与施药技术应用指南［M］. 北京：中国农业出版社.

夏正海，路耀明，胥明山，2021. 拖拉机使用与维修［M］. 北京：中国农业科学技术出版社.

于林惠，景启坚，薛艳凤，2004. 水稻机插秧实用技术［M］. 南京：江苏科学技术出版社.